U0196547

高等职业教育工程管理类专业“十四五”数字化新形态教材

施工合同与价款支付

应　樱　孔宏伟　主编
朱群红　主审

中国建筑工业出版社

图书在版编目(CIP)数据

施工合同与价款支付 / 应樱，孔宏伟主编. -- 北京：中国建筑工业出版社，2024.7

高等职业教育工程管理类专业“十四五”数字化新形态教材

ISBN 978-7-112-29766-5

Ⅰ. ①施… Ⅱ. ①应… ②孔… Ⅲ. ①建筑施工一合同一高等职业教育一教材②建筑工程一账款一管理一高等职业教育一教材 Ⅳ. ①TU723.1

中国国家版本馆 CIP 数据核字（2024）第 079123 号

本教材内容包括合同法律基础知识、建设工程合同基础知识、施工合同计价基础条件、施工合同财务结算与支付、施工合同结算相关合同管理、施工合同资金计划主要影响因素、施工合同与价款支付实训 7 个模块。

本教材适用于高职院校工程管理、工程造价、工程经济类专业的教学，主要培养学生掌握建设工程发包人、承包人、监理人、造价咨询人和工程经济专业人员针对施工合同的商务操作技能。本教材也可作为建筑行业建设、施工、监理、造价咨询等单位专业人员的工作参考用书。

为了更好地支持相应课程的教学，我们向采用本书作为教材的教师提供课件，有需要者可与出版社联系。建工书院：http：//edu.cabplink.com，邮箱：jckj@cabp.com.cn，电话：（010）58337285。

* * *

责任编辑：聂 伟 杨 虹
责任校对：芦欣甜

高等职业教育工程管理类专业“十四五”数字化新形态教材

施工合同与价款支付

应 樱 孔宏伟 主编

朱群红 主审

*

中国建筑工业出版社出版、发行（北京海淀三里河路 9 号）

各地新华书店、建筑书店经销

北京红光制版公司制版

北京君升印刷有限公司印刷

*

开本：787 毫米×1092 毫米 1/16 印张：9¼ 字数：231 千字

2024 年 8 月第一版 2024 年 8 月第一次印刷

定价：**38.00** 元（附数字资源及赠教师课件）

ISBN 978-7-112-29766-5

（42834）

版权所有 翻印必究

如有内容及印装质量问题，请与本社读者服务中心联系

电话：（010）58337283 QQ：2885381756

（地址：北京海淀三里河路 9 号中国建筑工业出版社 604 室 邮政编码：100037）

前　言

施工总承包是目前建筑市场最基本的一种承包模式，工程施工阶段消耗了最大部分的建设投资，涉及工程建设两个最大利益主体即发包人和承包人的经济责任切分，这必须通过双方签订的施工合同进行规制。签约施工合同基于守法原则、贯彻契约精神，用系统性很强的合同条件明晰双方的权利和义务，使施工合同在建设活动中处于非常重要的地位。为引导高等职业教育建设类学生走上施工合同管理工作岗位，校企合作共建施工合同管理课程，编写了本教材。

本教材对接《中华人民共和国民法典》《中华人民共和国招标投标法》《中华人民共和国建筑法》《建设工程质量管理条例》等现行法律、法规，结合工程技术、工程经济、项目管理、财务管理知识体系，以合同法规为基础，以《建设工程施工合同（示范文本）》GF-2017-0201 为研究对象，以建设工程合同体系规划、招标投标、合同实施、合同结算与支付、合同管理等合同整个运行过程为脉络，以施工合同事先、事中、事后相关费用为费用范围，辅以相应的实际案例形成教材体系。

本教材内容包括合同法律基础知识、建设工程合同基础知识、施工合同计价基础条件、施工合同财务结算与支付、施工合同结算相关合同管理、施工合同资金计划主要影响因素、施工合同与价款支付实训七个模块。本教材思政教学的核心主题是贯彻《中华人民共和国民法典》中六大原则：平等原则、自愿原则、公平原则、诚实信用原则、守法原则、保护生态原则。本教材围绕施工合同事先、事中、事后全流程，以合同法规为基础，以建设工程合同体系规划、招标投标、合同实施、合同结算与支付、合同管理等整个施工合同运行过程为脉络，辅以相应的实际案例实证，强调资金的时间价值、施工合同资金使用计划、建设资金专款专用的特色知识，着重打造学生专业技能中施工合同相关增值税处理、施工合同（进度款和务工人员工资）结算与支付、施工合同成本核算评价三大核心能力。

本教材由浙江建设职业技术学院应樱、杭州信达投资咨询估价监理有限公司孔宏伟主编。模块 1、3、5、7 由孔宏伟编写，模块 2 由杭州信达投资咨询估价监理有限公司袁斌编写，模块 4、6 由应樱编写。应樱负责统稿工作。

受编写人知识体系和水平局限，本教材难免存在不足和缺陷，恳请广大读者，尤其是使用本教材的师生多给意见和建议。

目　录

模块 1　合同法律基础知识

导入案例："天价虾"

2015 年 10 月 4 日，游客在青岛"×××烧烤店"就餐，结账时大虾由 38 元/份变成了 38 元/只，这是一起明显宰客事件。游客投诉后，政府主管部门介入，店家向顾客赔礼道歉并退还多收的钱，获得了较好的结果。这起经济纠纷值得我们冷静思考，店家收钱的理由在哪里？消费者如何判断已被侵权？应该绝不是以一份菜单对错那么简单，大家共同面对的是一个合同法律体系。

全社会各类经济活动推动着社会进步，大量的经济活动由当事人签订合同进行规范，共建契约精神，降低活动风险，实现和谐共赢。旅游只是人们日常生活中一类经济活动，租房、买卖、P2P 借款、共享单车等合同约束已经渗透到人们生活的各方面，因此每一个人都有必要学习合同的相关知识。

1.1　合同的基本要素

1.1.1　合同法律基础

2020 年 5 月 28 日，十三届全国人大第三次会议表决通过了《中华人民共和国民法典》(以下简称《民法典》)，自 2021 年 1 月 1 日起施行。《中华人民共和国婚姻法》《中华人民共和国继承法》《中华人民共和国民法通则》《中华人民共和国收养法》《中华人民共和国担保法》《中华人民共和国合同法》《中华人民共和国物权法》《中华人民共和国侵权责任法》《中华人民共和国民法总则》同时废止。

《民法典》被称为"社会生活百科全书"，是民事权利的宣言书和保障书，如果说宪法重在限制公权力，那么民法典就重在保护私权利，几乎所有的民事活动大到合同签订、公司设立，小到缴纳物业费、离婚，都能在《民法典》中找到依据。《民法典》内容组成有第一编总则、第二编物权、第三编合同、第四编人格权、第五编婚姻家庭、第六编继承、第七编侵权责任、附则，其中第一编总则和第三编合同对合同的订立和执行影响最大。

(1) 第一编　总则

为了保护民事主体的合法权益，调整民事关系，维护社会和经济秩序，适应中国特色社会主义发展要求，弘扬社会主义核心价值观，根据《中华人民共和国宪法》，制定本法。民法调整平等主体的自然人、法人和非法人组织之间的人身关系和财产关系。十章主要内容分别是：基本规定、自然人、法人、非法人组织、民事权利、民事法律行为、代理、民事责任、诉讼时效和期间计算。

(2) 第三编　合同

合同是民事主体之间设立、变更、终止民事法律关系的协议。本编调整因合同产生的民事关系，共有通则、典型合同、准合同三个分编，下分二十九章。其中，通则分一般规定，合同的订立，合同的效力，合同的履行，合同的保全，合同的变更和转让，合同的权利义务终止，违约责任；典型合同分买卖合同，供用电、水、气、热力合同，赠与合同，借款合同，保证合同，租赁合同，融资租赁合同，保理合同，承揽合同，建设工程合同，运输合同，技术合同，保管合同，仓储合同，委托合同，物业服务合同，行纪合同，中介合同，合伙合同；准合同分无因管理和不当得利。

（3）相关主要法规

①《中华人民共和国招标投标法》《中华人民共和国招标投标法实施条例》。为规范招标投标活动、调整在招标投标过程中产生的各种关系，我国于 2000 年 1 月 1 日开始施行《中华人民共和国招标投标法》。对应的政府行政操作文件是自 2012 年 2 月 1 日开始施行的《中华人民共和国招标投标法实施条例》，对合同的生成影响很大。

②《中华人民共和国政府采购法》《中华人民共和国政府采购法实施条例》。为了规范政府采购行为，我国于 2003 年 1 月 1 日开始施行《中华人民共和国政府采购法》。对应的政府行政操作文件是自 2015 年 3 月 1 日开始施行的《中华人民共和国政府采购法实施条例》，对合同的生成影响也很大。

③ 其他。《中华人民共和国环境保护税法》《中华人民共和国产品质量法》《中华人民共和国消费者权益保护法》及其条例、各类最高司法解释、各级地方法规、各部委文件等。

1.1.2 《民法典》基本原则

码1-1 民事主体；自然人与法人

《民法典》的基本原则，是制定和执行《民法典》总的指导思想，是《民法典》的灵魂，是《民法典》区别其他法律的标志，集中体现了《民法典》的基本特征。

（1）平等原则。根据《民法典》第四条："民事主体在民事活动中的法律地位一律平等。"在订立和履行合同时，当事人的法律地位平等，合同中的权利义务对等。

（2）自愿原则。根据《民法典》第五条："民事主体从事民事活动，应当遵循自愿原则，按照自己的意思设立、变更、终止民事法律关系。"自愿既表现在当事人之间，如一方欺诈、胁迫订立的合同无效或者可以撤销，也表现在合同当事人与其他人之间，任何单位和个人不得非法干预。

（3）公平原则。根据《民法典》第六条："民事主体从事民事活动，应当遵循公平原则，合理确定各方的权利和义务。"公平首先表现在订立合同时的公平，有失公平的合同可以撤销；其次表现在发生合同争议时，既要维护守约方的合法利益，也不能使违约方因较小的过失承担过重的责任；再次表现在客观条件发生异常变化，履行合同会使当事人之间的利益严重失衡，则启动特别条款公平地调整当事人之间的利益。

（4）诚实信用原则。根据《民法典》第七条："民事主体从事民事活动，应当遵循诚信原则，秉持诚实，恪守承诺。"一是诚实，要表里如一，因欺诈订立的合同无效或者可以撤销；二是守信，要言行一致，不能说一套做一套；三是有德，要恪守商业道德，履行协助、告知、保密等合作义务。

（5）守法原则。根据《民法典》第八条："民事主体从事民事活动，不得违反法律，不得违背公序良俗。"只有守法，才能得到法律的有效保护，法律的强制作用就是维护社会公共利益。处理民事纠纷，应当依照法律；法律没有规定的，可以适用习惯，但是不得违背公序良俗。

（6）保护生态原则。根据《民法典》第九条："民事主体从事民事活动，应当有利于节约资源、保护生态环境。"合同当事人在进行相关活动时，应贯彻可持续发展战略，积极提升社会资源综合利用，不能破坏生态环境。

1.1.3　案例

（1）背景情况

某住宅小区内（图1-1）业主甲，将自己的一套底层建筑面积133.4m^2的住房出租给餐饮老板乙，用于开设特色餐厅经营，双方经友好协商，签订了3年的出租合同，参考同类市场价确定年租金为42000元，分年预付。试判断该合同与《民法典》基本原则的符合性。

图1-1　某小区住宅楼

（2）题解及分析

该合同虽然符合平等、自愿、公平、诚实信用原则，但是违背守法原则，因为改变了住宅房产使用功能，扰乱了社会经济秩序。

1.1.4　合同主要内容

根据《民法典》第四百七十条：合同的内容由当事人约定，一般包括下列条款：

（1）当事人的姓名或者名称和住所；

（2）标的；

（3）数量；

（4）质量；

（5）价款或者报酬；

（6）履行期限、地点和方式；

（7）违约责任；

（8）解决争议的方法。

当事人可以参照各类合同的示范文本订立合同。

码1-2 保证与定金

1.1.5　合同担保

合同担保是指合同当事人依据法律规定和双方约定，由债务人或第三人向债权人提供的以确保债权实现和债务履行为目的的措施，如保证、抵押、留置、质押、定金等。根据《民法典》第六百八十五条，保证合同可以是单独订立的书面合同，也可以是主债权债务合同中的保证条款。合同担保具有从属性、补充性、保障性的特征。

（1）保证。根据《民法典》第六百八十六条，保证的方式包括一般保证和连带责任保证。当事人在保证合同中对保证方式没有约定或者约定不明确的，按照一般保证承担保证责任。第三人单方以书面形式向债权人作出保证，债权人接收且未提出异议的，保证合同成立。

（2）抵押。指抵押人以一定的财物向抵押权人设定抵押担保，当债务人不能履行债务时，抵押权人可以依法以处分抵押物所得价款优先受偿。抵押分为动产抵押与不动产抵押两种。

（3）留置。指债务人不履行到期债务，债权人可以留置已经合法占有的债务人的动产，并有权就该动产优先受偿。例如《民法典》规定行纪合同中，委托人逾期不支付报酬的，行纪人对委托物享有留置权，但是当事人另有约定的除外。行使留置权无须签订合同。

（4）质押。指债务人或第三人将其动产或者权利移交债权人占有，将该动产作为债权的担保，当债务人不履行债务时，债权人有权依法就该动产卖得价金优先受偿，质押有动产质权、权利质权等。质押与抵押的区别在于对物或权利的占有状态是否发生改变。

（5）定金。指当事人双方为了保证债务的履行，约定由当事人方先行支付给对方一定数额的货币作为担保，定金的数额由当事人约定，但不得超过主合同标的额的20%。定金合同要采用书面形式，并在合同中约定交付定金的期限，定金合同从实际交付定金之日生效。债务人履行债务后，定金应当抵作价款或者收回。给付定金的一方不履行约定债务的，无权要求返还定金；收受定金的一方不履行约定的债务的，应当双倍返还定金。应注意定金与订金的区别。

1.1.6 违约责任

违约责任是指合同当事人一方不履行合同义务或履行合同义务不符合合同约定所承担的民事责任，包括承担继续履行、采取补救措施或者赔偿损失等。针对合同违约，《民法典》第三编合同第八章违约责任中作了较为具体的规定。

（1）不能履行。又叫给付不能，是指债务人在客观上已经没有履行能力，或者法律禁止债务的履行。在以提供劳务为标的的合同中，债务人丧失工作能力，为不能履行。在以特定物为标的物的合同中，该特定物毁损灭失，构成不能履行。

（2）延迟履行。又称债务人延迟或者逾期履行，是指债务人能够履行，但在履行期限届满时却未履行债务的现象。其构成要件为：存在有效的债务；能够履行；债务履行期已过而债务人未履行；债务未履行不具有正当事由。是否构成延迟履行，履行期限具有重要意义。

（3）不完全履行。是指债务人虽然履行了债务，但其履行不符合债务的本旨，包括标的物的品种、规格、型号、数量、质量、运输的方法、包装方法等不符合合同约定等。判定不完全履行的时点标准，一般情况下应以履行期限届满仍未消除缺陷或者另行给付时为准。如果债权人同意给债务人一定的宽限期消除缺陷或者另行给付，那么在该宽限期届满时仍未消除或者仍未另行给付，则构成不完全履行。

（4）拒绝履行。是指债务人对债权人表示不履行合同，这种表示一般为明示的，也可以是默示的。例如，债务人将应付标的物处分给第三人，即可视为拒绝履行。《民法典》

第五百七十八条中，当事人一方明确表示或者以自己的行为表明不履行合同义务的规定，即指此类违约行为。其构成要件为：存在有效的债务；有明示的和默示的不履行的意思表示；应有履行的能力；违法的，即不属于正当权利的形式，如抗辩权。

(5) 债权人延迟。又称受领延迟，是指债权人对于已提供的给付，未为受领或者未为其他给付完成所必要的协力的事实。

1.1.7 案例

(1) 背景情况

某建设工程，相关当事人签订了一单钢材采购合同，形成了以下文件，试找出其中不妥之处。

钢材供货合同

甲方：××建设有限公司材料科

乙方：××物贸有限公司

根据《中华人民共和国民法典》的有关规定，为明确甲乙双方在合同期内的权利和义务，经双方友好协商，特签订本合同，以资共同遵守。

一、物资名称。乙方向甲方供应1809.3万元的钢材，含原出厂价格、装车费、运输费、税金等一切不可预见费用。

二、交货方式。按照甲方提供的供货时间和数量至××建设有限公司A项目施工现场。

三、技术要求。按国标验收。

四、验收方法。乙方交货时应向甲方提交所供物资的质保书，或合格证，或检验试验报告单以及其他技术资料。

五、甲乙双方的责任和义务。甲方按照施工计划要求向乙方提供物资的需求数量和供货时间。乙方组织供应的物资必须按照甲方要求时间供应到施工现场，负责承担供货期内自身的物资的运输风险。

六、结算和付款方式。双方约定的每月25日进行结算一次。结算时甲乙双方核对本月发生的业务往来账目，并验证乙方提供的经甲方签收的收料凭证，乙方开据真实有效的税务发票。

七、违约责任和双方争议的解决。合同执行过程中发生违约责任或争议时，甲乙双方友好协商解决，如协商不能达成一致时，可向甲乙双方上级单位注册所在地人民法院提起诉讼。

(八～十一略)

十二、其他约定事项。本合同一式肆份，双方各执两份；本合同自甲、乙双方签字盖章后生效；双方货款两清后自动失效。

甲方：签章	乙方：签章
甲方代表：	乙方代表：
开户行：	开户行：
账号：	账号：
电话：	电话：

（2）题解及分析

① 合同当事人身份不合规。合同甲方不具备法律认可的民事行为能力，签约时应以公司法人出面，不能以公司内设机构作为合同当事人。

② 合同标的、数量不明确。未注明何用途的钢材，只有价款没有数量，也未说明规格。

③ 合同履约期限不具体。合同起始至结束模糊，与价格的对应性也不强。

④ 合同报酬支付、违约责任不清晰。未约定何时支付，相应的违约责任也不清晰。

以上内容应在合同相应条款中表述清晰，否则易形成合同法律风险。

1.2 合同过程

1.2.1 合同订立

（1）要约。特定一方当事人以缔结合同为目的，向相对受要约人做出具体确定的意思表示；自要约生效起，一旦被有效承诺，合同即告成立；要约生效前，可以撤回、撤销、失效。

（2）承诺。受要约人按要约规定的方式和期限内，向要约人做出完全同意接受要约条件的意思表示；承诺生效前，可以撤回。

（3）合同的形式。指订立合同当事人达成一致意思表示的表现形式，口头形式、书面形式和其他形式，其中书面形式最为正式。

1.2.2 合同效力

（1）合同生效。具有相应民事权利能力和民事行为能力的合同当事人，针对表示的真实意思，订立合同的程序与合同的表现形式符合法律规定，则合同生效，由合同当事人共同遵守。

（2）无效合同。合同虽然成立，但是合同当事人恶意串通、一方以欺诈或胁迫手段、程序和内容违反法规，则法律不予承认和保护，为无效合同，法律后果是返还财产、赔偿损失、罚没所得及其他法定效果。

（3）可变更或可撤销合同。因合同当事人意思表示不真实，法律允许撤销权人通过行使撤销权，使已经生效的合同内容变更或使合同效力归于消灭。可变更或可撤销合同在变更或撤销前存在效力，尤其是对无撤销权的一方具有完全约束力，而且效力取决于撤销权人的法律支持程度。

1.2.3 合同履行

（1）合同履行原则。遵循《民法典》的基本原则，合同当事人应按照合同约定，相互协作，全面适当地履行自己的义务，任何一方不得擅自变更合同。

（2）抗辩权。针对双务合同，当事人一方发现另一方不履行或不适当履行或不具备履行合同义务，损害己方利益，即可以拒绝履行自己的合同义务来保护自己的合法权益，而不承担违约责任。

（3）代位权。指合同债权人为了保障其债权不受损害，以自己的名义代替债务人行使债权的权利。

码1-3 合同代位权

（4）撤销权。指因债务人实施了减少自身财产的行为，对债权人的债权造成损害，债权人可以请求法院撤销该行为的权利。相应司法解释有，债务人以明显不合理的低价转让债权或高价收购他人财产，对债权人造成损失的，人民法院可以根据债权人的申请，根据《民法典》第五百三十九条“债务人以明显不合理的低价转让财产、以明显不合理的高价受让他人财产或者为他人的债务提供担保，影响债权人的债权实现，债务人的相对人知道或者应当知道该情形的，债权人可以请求人民法院撤销债务人的行为”予以撤销。转让价格达不到交易时交易地的指导价或者市场交易价百分之七十的，一般可以视为明显不合理的低价；对转让价格高于当地指导价或者市场交易价百分之三十的，一般可以视为明显不合理的高价。

1.2.4　案例

（1）背景情况

某住宅小区按全装饰标准交房，承包人通过市场询价向经销商购买了小区家用空调设备，设备采购合同约定，设备保修 3 年、终身维修。工程交付后 17 个月后，一入住小区业主发现空调设备不能工作而提出更换保修要求，经小区业主—物管公司—承包商—经销商—厂家的信息传递，厂家上门检查发现空调电路板（图 1-2）烧坏须更换，因已过了厂家保证的一年保修期，要求有偿维修，修理工作受阻。小区业主向开发商投诉，经开发商组织协调，将压力逐级传递，最终厂家同意免费修理。试解读这个事件中的相关合同含义。

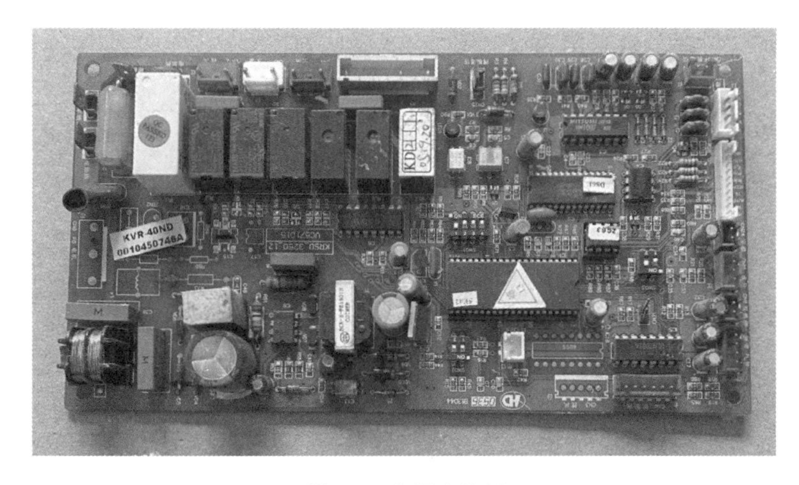

图 1-2　空调电路板

（2）题解及分析

① 合同订立。小区业主与开发商是买卖合同，开发商与承包人是建设工程合同，承包人与经销商是买卖合同，开发商与物管公司、厂家与经销商是委托合同，这些合同都是书面合同。

② 合同效力。开发商与承包人是建设工程合同是合同链上的主合同，根据《建设工程质量管理条例》，供热与供冷系统的最低保修期为 2 个采暖期、供冷期，其他从属合同必须服从主合同的法律约束。

③ 合同履行。空调设备经销商在保修义务上存在越权代理，将保修期 1 年提升为 3 年，厂家可不承担保修责任，但经过向厂家追认，由厂家承担了保修责任。

1.3 合同调整

1.3.1 合同变更

合同当事人协商一致，可以变更合同，变更的范围可以是合同要素中的各项内容。法律、行政法规规定变更合同应当办理批准、登记等手续的，依照其规定。当事人对合同变更的内容约定不明确的，推定为未变更。

合同的变更有广义、狭义之分。广义指合同主体和内容的变更，前者指合同债权或债务的转让，即由新的债权人或债务人替代原债权人或债务人，而合同内容并无变化；后者指合同当事人权利义务的变化。狭义的合同变更指合同内容的变更。从我国《民法典》的有关规定看，合同的变更仅指合同内容的变更，合同主体的变更则称为合同的转让。

因此，合同变更的特征有：合同的变更仅是合同的内容发生变化，而合同的当事人保持不变；合同的变更是合同内容的局部变更，是合同的非根本性变化；合同的变更通常依据双方当事人的约定，也可以是基于法律的直接规定；合同的变更只能发生在合同成立后，尚未履行或尚未完全履行之前。

1.3.2 合同转让

合同当事人可以将合同的权利和义务全部或者部分转让给第三人，但有下列情形之一的除外：根据合同性质不得转让、按照当事人约定不得转让、依照法律规定不得转让。合同转让必须满足以下原则：

（1）以合法有效的合同关系存在为前提。

（2）符合法律所规定的转让程序。

（3）符合社会公共利益，且所转让的内容要合法。

（4）转让人与受让人之间达成合同转让的合意，具备民事法律行为的有效条件。

1.3.3 合同中止和过程终止

应当先履行债务的当事人，有确切证据证明对方有：①经营状况严重恶化；②转移财产、抽逃资金，以逃避债务；③丧失商业信誉；④丧失或者可能丧失履行债务能力等其中之一情形时，可以中止履行。当事人没有确切证据中止履行的，应当承担违约责任。合同未履行完成，在发生合同过程解除、债务相互抵销、债务人依法将标的物提存、债权人免除债务、债权债务同归于一人、法律规定或者当事人约定终止的其他情形之一时，合同即被过程终止。

发生以下情形之一的，当事人可以合同过程解除：因不可抗力致使不能实现合同目的；在履行期限届满之前，当事人一方明确表示或者以自己的行为表明不履行主要债务；当事人一方迟延履行主要债务，经催告后在合理期限内仍未履行；当事人一方迟延履行债务或者有其他违约行为致使不能实现合同目的；法律规定的其他情形。

1.3.4 合同争议

码1-4 诉讼时效和类型

因合同当事人对合同条件存在不同的认识和理解，影响了合同当事人权利和义务的主张，使合同当事人产生经济纠纷。一般通过和解、调解、仲裁或诉讼方式解决。合同争议有以下条件：

（1）发生于合同的订立、履行、变更、解除以及合同权利的行使过程中。如果某一争议虽然与合同有关系，但不是发生于上述过程中，就不构成合同争议。

（2）合同争议的主体双方须是合同法律关系的主体。此类主体既包括自然人，也包括法人和其他组织。

（3）合同争议的内容主要表现在争议主体对于导致合同法律关系产生、变更与消灭的法律事实以及法律关系的内容有着不同的观点与看法。

1.3.5 案例

（1）背景情况

某沿海城市义务教育小学新建校园工程，针对工程使用的预拌砂浆，承包人甲经市场询价与材料供应商乙签订材料供货合同，自6月开始供货，至8月达约总量的32.7%时，该城市遭受台风正面袭击，材料供应商乙的厂房倒塌、生产设备毁损、料场被淹，短时间内已无力恢复生产供应，材料供应商乙向承包人甲提出两个后续处理方案，一是将供货合同转让给同行业伙伴供应商丙，二是解除合同。试解读材料供应商乙的合同行为意向。

（2）题解及分析

方案一：本材料供货合同，供应商乙已部分履约，针对未履约的权利和义务部分转让给同行业伙伴供应商丙，如承包人同意，符合《民法典》的转让规定。

方案二：因台风属不可抗力，致使不能实现合同目的，符合《民法典》规定的解除条件。

练 习 题

一、单项选择题

1. 不属于《民法典》约定要素的是(　　)。

A. 合同的订立　　B. 合同的生效

C. 合同的履行　　D. 合同的作废

2. 某市公安局采购一批办公家具，可以作为合同当事人的是(　　)。

A. 公安局　　B. 公安局长

C. 公安局党委　　D. 公安局后勤办

3. 我国未制定施行的法规是(　　)。

A.《中华人民共和国合同法实施条例》

B.《中华人民共和国劳动合同法实施条例》

C.《中华人民共和国招标投标法实施条例》

D.《中华人民共和国政府采购法实施条例》

4. 某工程，某施工承包人与某供应商签约，根据样品，订购了国内知名品牌N的原片原厂生产的中空玻璃，供料进场后，施工承包人发现原片但非原厂生产，则(　　)。

A. 承包人可行使合同撤销权　　B. 承包人不可行使合同撤销权

C. 供应商可行使合同撤销权　　D. 供应商可行使合同变更权

5. 某装饰石材加工商接到来料加工订单，加工商生产后因订货单位未支付加工费，则加工商可行使(　　)。

A. 代位权　　B. 撤销权

C. 留置权　　D. 抗辩权

6. 履约保证金是合同担保的一种形式，可以归于(　　)。

A. 保证　　B. 抵押

C. 留置　　D. 质押

7. A公司与B公司发生合同争议，A公司请张三律师进行诉讼活动，A公司与张三律师间一般签订(　　)合同。

A. 技术　　B. 委托

C. 行纪　　D. 居间

8. 某房产中介促成张先生的一套住宅出租给李女士，双方签订了租赁合同，发生了中介报酬1000元，则该费用应由(　　)支付。

A. 张先生　　B. 李女士

C. 张先生和李女士各承担500元　　D. 张先生与李女士协商

9. 某家具品牌一年期签约代销商，合同约定其中一款餐桌按5600元/张价格代售时佣金为300元/张，年中代销商按5880元售出一张，其可得佣金是(　　)元。

A. 300　　B. 300+280

C. 300+280×50%　　D. 300+280−因金额变动而增加的税款

10. 某老人在银行存入一笔存款，银行未给予老人儿子私下查账配合，此举是执行了《民法典》的(　　)。

A. 平等原则　　B. 自愿原则

C. 诚实信用原则　　D. 公平原则

11. 针对要式合同，要约和承诺在生效前，均可以(　　)。

A. 失效　　B. 撤销

C. 撤回　　D. 作废

12. 履约保证金与定金均可对合同进行担保，两者的最大区别是(　　)。

A. 交付的时间不同　　B. 交付的额度不同

C. 交付的对象不同　　D. 担保的对象不同

13. 甲于2021年2月1日购买了一张从杭州到三亚的机票，(　　)是这个运输合同的标的物。

A. 甲　　B. 机组人员的行李

C. 飞机　　D. 杭州至三亚的飞行过程

14. (　　)属于行政法规。

A.《中华人民共和国招标投标法》　　B.《中华人民共和国招标投标法实施条例》

C. 招标投标行业协会章程　　D. 招标文件标准文件

15. 甲购买了一部手机，使用63天后发现经常出现自动停机，则甲应向(　　)提出维修诉求。

A. 经销商　　B. 特约维修商

C. 生产厂家　　D. 当地消费者协会

二、多项选择题

1. 订立合同时当事人必须遵守的基本原则有(　　)。

A. 平等原则　　　　　　　　　　B. 保密原则
C. 诚实信用原则　　　　　　　　D. 强制原则
E. 守法原则

2. 学校A需采购教学投影仪147台，与供应商B签订了采购合同，签约合同价为95.8万元，合同约定签约后14天内由学校A向供应商B支付30%的预付款，签约10天后学校A发现供应商B有(　　)时，可以暂时停止支付预付款。

A. 更换了法定代表人
B. 抽逃注册资本金
C. 为第三方提供经济担保被法院冻结了银行账户
D. 办公地点从主城区迁到城郊开发区
E. 开户银行地址发生更改

3. 合同主要内容由当事人约定，当事人的(　　)应在合同中体现。

A. 名称　　　　　　　　　　B. 住所
C. 年龄　　　　　　　　　　D. 性别
E. 银行账号

4. 合同主要条款是针对合同标的，规定合同当事人的权利和义务，其中合同履行的(　　)必须明确。

A. 开始时间　　　　　　　　B. 结束时间
C. 地点　　　　　　　　　　D. 方式
E. 成本

5. 针对(　　)合同，当委托人未支付合同费用时，受托人可以行使留置权。

A. 承揽　　　　　　　　　　B. 保管
C. 货运　　　　　　　　　　D. 仓储
E. 租赁

6. 为确保合同债权实现，(　　)是通常的合同担保形式。

A. 保证　　　　　　　　　　B. 抵押
C. 留置　　　　　　　　　　D. 质押
E. 提存

7. 石材加工商A为某大型工程供应装饰石材，与运输公司B签订了运输合同，连续运输服务期120天，20天后因(　　)，则石材加工商A可以过程解除运输合同。

A. 运输公司B传真告知石材加工商A不能继续派车
B. 运输公司B没有任何表示但连续5天未向石材加工商A派出运输车辆
C. 运输公司B连续2天未派出运输车辆，经石材加工商A催告后，第3天仍未派车
D. 运输公司B内部发生薪酬纠纷，司机处于罢工状态，解决时间无法预计
E. 运输公司B一司机交通违法而延误了车上货物的交付时间，石材加工商A被工地口头警告

8. 甲按木业生产商乙提供产品纸质样本为自办企业办公楼订制室内木门，双方签订了采购合同，合同约定木业生产商乙提供样门评审后批量供应。样门提供后发现，与纸质样本质量偏差较大，调查发现是木业生产商乙的生产线精度下降所致，短时间无升级改造

计划，则(　　)。

A. 甲可以主动要求降低合同价格

B. 木业生产商乙可以主动要求降低合同价格

C. 甲可以撤销合同

D. 木业生产商乙可以撤销合同

E. 合同自动撤销

9. 关于撤销权表述正确的是(　　)。

A. 合同当事人 A 意思表示不真实，当事人 B 可以行使合同撤销权

B. 合同当事人 A 意思表示不真实，当事人 B 要求变更合同时，当事人 A 可以行使合同撤销权

C. 因债权人实施了减少自身财产的行为，对债务人的债权造成损害，债务人可以通过法院行使撤销权

D. 因债务人实施了减少自身财产的行为，对债权人的债权造成损害，债权人可以直接对债务人行使撤销权

E. 因债务人实施了减少自身财产的行为，对债权人的债权造成损害，债权人可以通过法院行使撤销权

10. 零售商业企业对所售商品实行“三包”，是指在规定时间内(　　)。

A. 退货　　B. 更换

C. 维修　　D. 商品停售后 5 年内提供配件

E. 提供有效发票

11. (　　)可以依法成为合同当事人。

A. 8 岁的自然人　　B. 宠物

C. 经民政厅登记的宗教团体　　D. 民政厅

E. 传达室大伯

12. 虽然没有形成当事人双方签字的书面合同，但甲(　　)的行为可视作已签订合同。

A. 购买了杭州至北京的高铁车票

B. 到邮局订了 2018 年《参考消息》

C. 办理订婚酒席

D. 获得一张现场观看篮球赛的赠票

E. 在餐厅内点菜单

13. (　　)是甲购买杭州至三亚一张机票的合同数量。

A. 甲　　B. 甲 20kg 内托运行李

C. 甲随身携带物品　　D. 飞机上免费饮料

E. 飞机上视频节目

14. 甲入住一家四星级宾馆，(　　)是入住合同的质量内容。

A. 房间内私密性

B. 正常就寝时间保持安静环境

C. 宾馆至城市主要交通枢纽免费班车

D. 提供免费夜宵

E. 供应24小时热水

15. 针对未到期银行加密存单取款，(　　)是必要条件。

A. 存单
B. 所有者有效身份证明
C. 密码
D. 代办者有效身份证明
E. 所有者给代办者的委托书

三、判断题

1. 施工企业甲与租赁企业乙签订了大型施工机械租用协议A，因租赁公司乙并入施工企业甲，使租赁公司乙没有收到A协议款项，则租赁公司乙可以向工程所在地法院提出诉讼申请。(　　)

2. 合同争议调解是合同当事人双方主动妥协的结果。(　　)

3. 合同争议仲裁委员会成员由合同当事人分别指定，指定者代表了合同当事人的利益，则仲裁结果不具备强制性。(　　)

4. 履约保证金和定金都有对合同双重担保的作用。(　　)

5. 甲租用了租期3年的一间商铺，11个月后受网商冲击而亏本，为止损即可将后续25个月自行转租给朋友乙开宠物医院。(　　)

6. 生产企业A与生产企业B签订了某零件采购合同，生产企业A发现生产企业B有经营状况变差的情况，则生产企业A即可终止合同。(　　)

7. 在我国境内的合同受《民法典》和《民法典实施条例》规范和约束。(　　)

8. 某幼儿园为大厅彩绘壁画与某广告公司签订了采购合同，合同价格25000元，广告公司为支持社会公益事业，决定无偿提供产品，该采购合同属于合同变更。(　　)

9. 定金对合同当事人双方均产生约束，违约成本一致。(　　)

10. 加工厂商A与运输公司B签订长期运输合同，按季度进行合同价款结算与支付，某日运输公司B将自身名下的一般运输车辆按当地市场价格的60%转让给了运输公司D，则加工厂商A可通过法院申请撤销这项交易。(　　)

11. 某质量技术监督局通过政府平台采购了一批电脑，使用4个月后逐渐出现故障，经销商上门多次维修后仍多发故障，则该质量技术监督局可依照采购合同对经销商进行了罚款2万元的处罚。(　　)

12. 甲将机动车驾照可扣11点的额度，以1100元钱协议转让给路人乙，因双方纯属自愿，任何人不得干涉。(　　)

13. 古时候招能人为太后治病贴出皇榜，如能治好太后病，即给封千户和赏黄金千两，此举类似为现在合同的承诺。(　　)

14. 一个亲戚向甲借了5万元钱，借条未注明还款时间，落款2014年9月13日，因甲一直未向该亲戚提出还款要求，则丧失了法律支持的有效诉讼时间。(　　)

15. 甲因长期出国，将自己名下一套住房委托中介公司或出租或出售，则中介公司可租下住房作为员工宿舍。(　　)

四、案例分析

1. 合同债务

储运公司A与生产厂家B签订长期合作协议，协议约定总价款在200万元以内双方年末15日内进行年度结算和支付，规定时间内债务方未支付应承担同期贷款利率。2017年储运公司A发生在生产厂家B名下的运输款项达187.73万元。因生产厂家B大量应收账款不能及时入账而无力支付，2018年4月10日才能支付，因储运公司A租用生产厂家B的仓库和场地进行经营活动，2017年结算租金116.27万元，水电费37.14万元，同期银行贷款年化利率为4.5%。试计算生产厂家B应支付的款项。

2. 撤销权

贸易公司A成为电梯厂家B的代理商，发生了合同价为1846.22万元的一单合同，贸易公司A支付了50%的货款后称企业负债过大已无力后续支付，电梯厂家B多次催款无效，一个月内发现贸易公司A处置了名下资产（情况见表1-1），试问电梯厂家B应采取哪些措施？

处置资产情况表 **表1-1**

资产名称	铝锭	铜棒	建筑钢材	中厚钢板
数量（t）	48.2	12.4	622	133
处置价（元/t）	12000	49000	2500	3000
市场价（元/t）	14000	51300	4100	4500

3. 租赁合同

2017年4月3日，公司A与公司B签约，租用公司B的办公物业1220.4m^2，租期3年，租金1.8元/(m^2·天)，次日首付了8个月租金（其中2个月为物管押金）。

2017年4月10日，公司A与公司C签约，采购办公家具56.26万元，次日支付50%的合同款，合同明确用于已租用办公物业内，由公司C负责供货安装，安装时间3天，整个供货期30天。

2017年5月2日，公司B通知公司A，办公物业被当地政府征用，不能履约出租，决定退回已付的租金。

2017年5月3日，公司A确认事实后通知公司C停止供货，公司C表示公司A订购的家具已经生产，同时个性化特征明显无法退货，要求继续履约；公司A答应另觅场地后履约。

2017年6月8日，公司A与公司D签约，租用公司D的办公物业1146.1m^2，租期3年，租金2.1元/(m^2·天)，次日首付了8个月租金（其中2个月为物管押金）。

2017年6月20日，公司C完成办公家具安装并与公司A清点移交，针对该批家具签约合同价外发生：仓储费0.68万元，改制费2.17万元，公司C向公司A书面要求合同价款追加。

问题一：公司A是否应补偿公司C的损失？

问题二：假设不考虑财务成本，试计算公司A 3年内办公物业租赁成本增加额？

问题三：是否可以向公司B要求补偿？

码1-5 模块1练习题参考答案

模块 2　建设工程合同基础知识

2.1　建设工程合同体系

2.1.1　概念

建设工程合同体系是指围绕建设工程项目建设目标，经对项目发包任务进行识别、拆分和界定，形成发包合同包序列，并根据各合同包的逻辑关系做出发包时间安排的计划文件，也称合约规划。建设工程项目拆分合同包时应适合工程所在地当前生产力发展水平，并符合建设法规和建筑市场惯例。

2.1.2　合同分类

目前，建设工程项目通常按服务类、工程类、货物类分别拆分后发包。以一般土木工程为例，其建设项目合同树构架如图 2-1 所示。

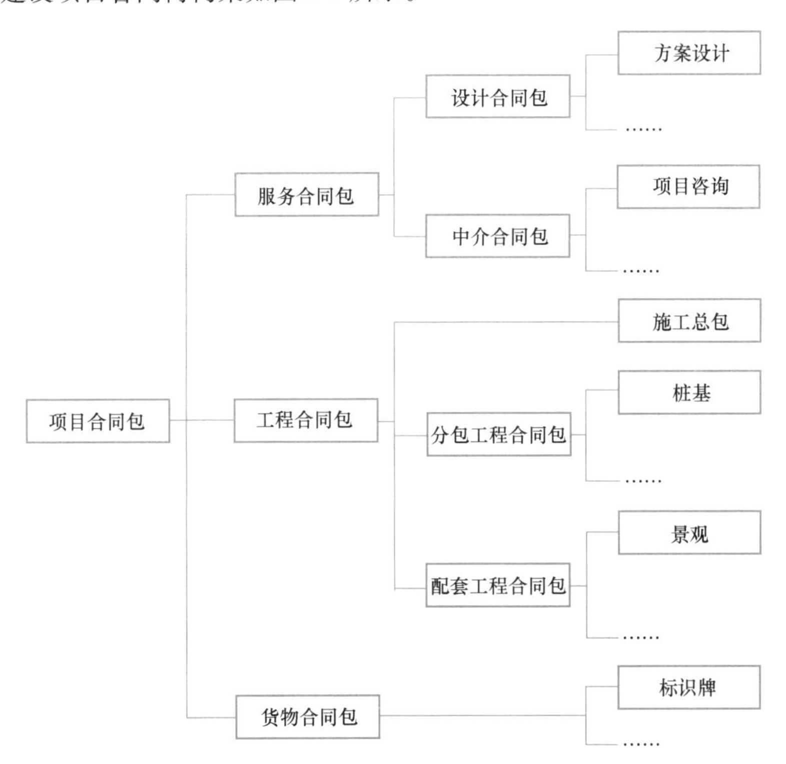

图 2-1　建设项目合同树构架

（1）服务类。包括勘察设计、工程主设计、专项和配套工程设计、工程监测、造价咨询、招标代理、工程监理、物业顾问、物业管理等，发包形成项目投资成本控制的基础性合同。

（2）工程类。由于社会化分工，目前施工发包以一个（或多个）施工总承包和若干项分包组合的合同体系为主流模式。当施工总承包标的物额度过大时，工程可拆分成多个合同包。施工总承包范围必须包含主体结构工程，分包范围为主体结构工程外的（子）分部工程或工程劳务。

（3）货物类。以房建工程为例，货物类内容通常有电梯、水泵、风机、强弱电机房设备等重要设备，及灯具、石材、卫生器具等装修材料，或者钢材、水泥等大宗材料。

2.1.3 逻辑关系

（1）服务类。发包时间计划一般以工程主设计工作进度为主轴线，以总包合同进度为辅助，另按其中间成果时间节点确定其他服务类发包时间。

（2）工程类。发包时间计划一般以总承包工程施工进度为主轴线，按各分包施工最迟介入时间反推形成。

（3）货物类。货物类采购完全受施工合同约束，发包时间计划应根据施工进度确定。

2.1.4 合同体系编制实例

（1）背景情况

① 投资主体。根据政府有关批文，某大学人才专项房项目的建设单位为某教育部直属院校，估算总投资 393237 万元，所需资金自筹解决，同时明确某房开公司为该项目代建人。

② 代建模式。工程建设周期全过程代建管理，即在某大学完成立项后，由某房地产开发公司承担工程建设过程的发包人责任，在约定截止时间根据经批准的初步设计概算包干建成。

③ 工程地点和规模。工程坐落于长三角某省会城市西北城郊，同时也处于某大学主校区西北，在城市道路围合的地块内；概念性方案设计的建设总用地面积 124730m^2，总建筑面积约 44.18 万 m^2，工程地上建筑 17～24 层，地下建筑不超过 2 层。

④ 工程项目进度目标。已经完成选址意见书、建设用地规划许可证、供地手续，建设项目后续建设周期为 4.5 年。

码2-1 WBS(工作分解结构)

（2）项目合同树设计

根据我国法律法规、区域生产力水平、拟建工程情况等，按 WBS（工作分解结构）技术将代建合同后的工程相关合同分解成服务、工程、货物三类，行政管理合同不在此列。各类合同发包计划围绕施工总包展开，具体时间节点可待工程设计方案或初步设计批准后进行编排深化。

① 整体构架。第一级：项目合同包；第二级：服务合同包、工程合同包、货物合同包；第三级：设计合同包、中介合同包及分包工程合同包、配套工程合同包；第四级：为发包人发生经济支付建立依据的单个合同或细类合同包，详见图 2-1。

② 服务合同包细分。细分可能随着项目的推进发生变化，即第四级合同（包）可继续细分或调整，如：其他设计包可以拆分为基坑围护、弱电、泛光照明、电梯、交通标识、市政配套工程等；第三方检测包可以拆分为桩基、基坑、材料、主体结构、节能、消防等。发包时间暂按相对时间编排，具体参见图 2-2。

③ 工程和货物合同包细分。细分可能随着项目的推进发生变化，即第四级合同（包）

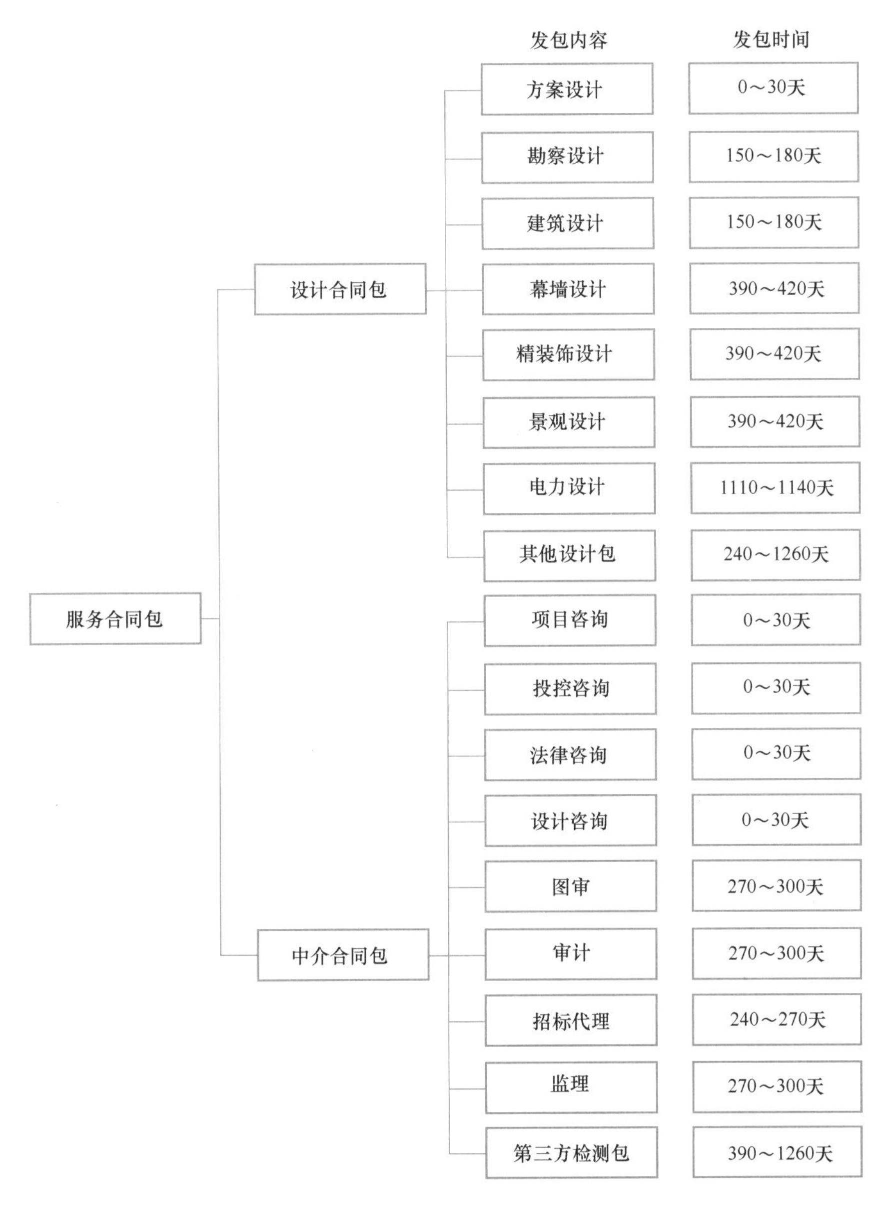

图 2-2　服务合同包细化

可继续细分或调整，如：各合同包的标段划分；其他配套包可以拆分为分户电表、四大运营公司、交通标识、邮政等；其他货物包可以拆分为建筑标识牌、垃圾筒、样板展示房家具等。发包时间按相对时间编排，具体参见图 2-3。

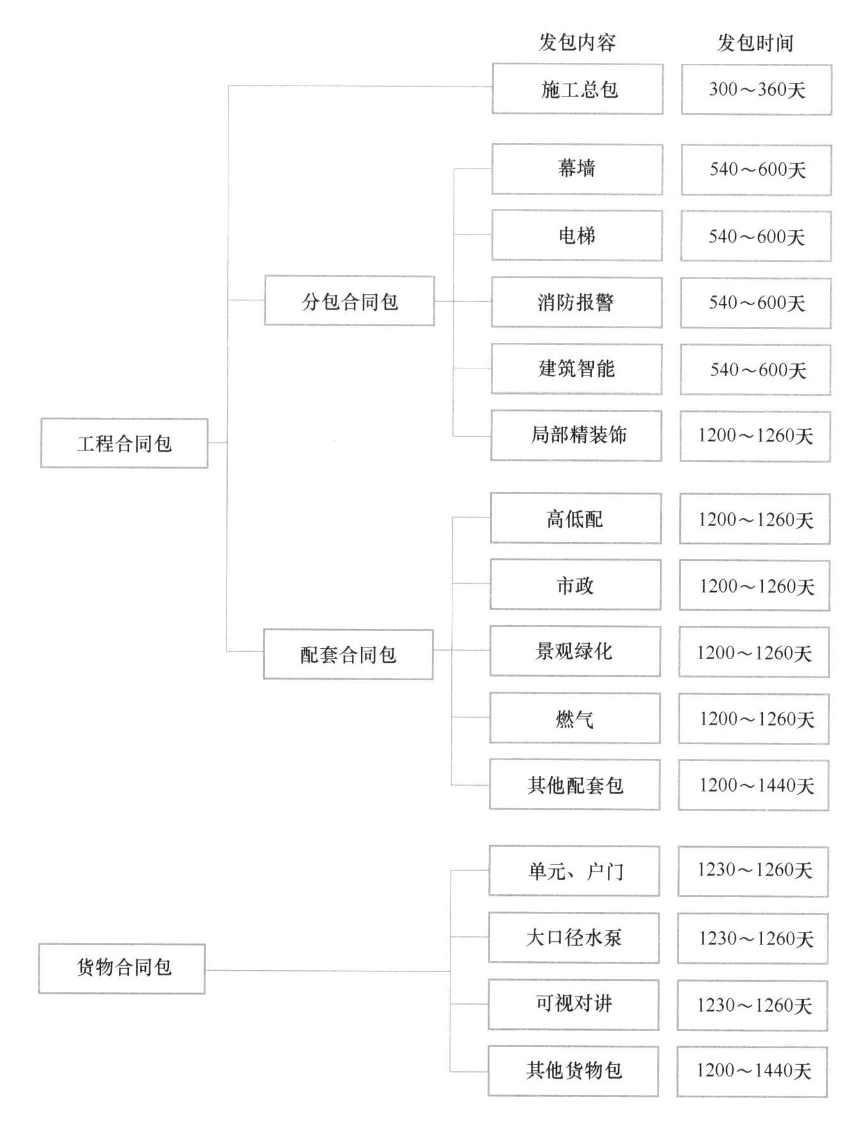

图 2-3　工程和货物合同包细化

2.2　建设工程合同发包招标投标

2.2.1　招标方式

针对政府投资和国有投资或起主导的建设工程施工合同发包，一般采用资格后审的公开招标方式，其中有特殊技术的可以采用资格预审。民营投资的建设工程施工合同发包，多采用邀请招标方式。

资格预审，是指在投标前对潜在投标人进行资格审查。资格后审，是指在开标后对投标人进行资格审查。进行资格预审的，一般不再进行资格后审，但招标文件另有规定的除外。

2.2.2　基本流程（图 2-4）

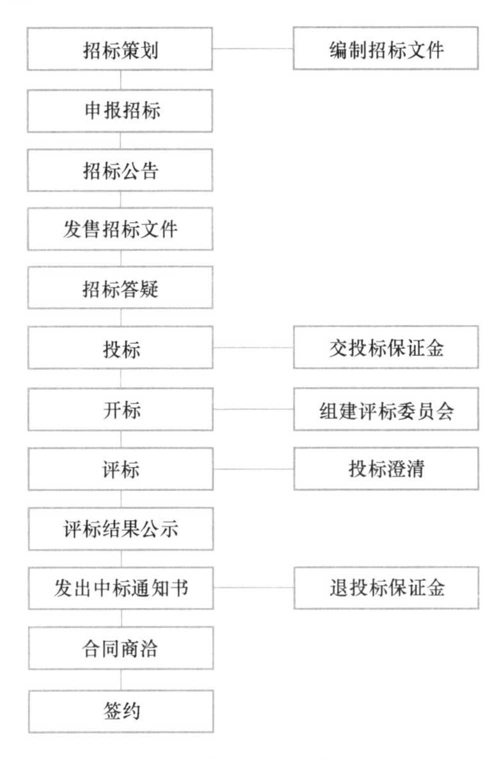

图 2-4　施工合同招标投标基本流程

评标有综合评分法和最低评标价法两种方法。综合评分法，是指投标文件满足招标文件全部实质性要求且按照评审因素的量化指标评审得分最高的投标人为中标候选人的评标方法。最低评标价法，是指投标文件满足招标文件全部实质性要求且投标报价最低的投标人为中标候选人的评标方法。由于最低评标价法和综合评分法的不同特点，实际操作中两种方法遇到类似问题时，处理方法也各有不同。

详细流程另见附录 2。

2.2.3　与 QS 体系的结合

QS 体系是英联邦针对建设工程成本管理的模式，其基于除建设资金筹资风险外的风险均由承包人承担的理念，通过中国香港的中介服务机构传入中国大陆，最大特征是招标过程允许招标人与投标人按市场价格水平多轮协商，表现在招标人对投标文件进行回标分析、经招标人与中标候选人协商后完成清标。受现行法律法规约束，此类结合通常用在民营投资主导的建设工程招标活动中。

2.2.4　案例

（1）背景情况

某小学新建校区工程（图 2-5），经批准的概算投资为 11634.23 万元，设计施工图基本完成后，招标人通过专业招标代理人对施工合同进行公开招标，经准备，在招标代理人企业网站上发布了招标文件，包括：投标书编制规定、主要合同条件、工程所在地建设工程定额工程量清单、评标办法。针对招标范围，因设计施工图对建筑外立面设计参数不清

图 2-5　某小学新建校区效果图

晰，招标代理人将外铝合金门窗纳入独立分包工程。试分析其中不妥之处。

（2）题解与分析

本工程属于政府投资项目，招标人的招标活动必须符合现行法律法规要求，代理人不得违规。

① 公开招标必须发布招标公告；

② 招标活动的正式文件应在工程所在地政府主管部门认可的平台上发布；

③ 设计施工图完成后应采用国标工程量清单进行招标；

④ 外铝合金门窗不得独立分包，应纳入总包施工范围。

2.3　法规强制约束的若干建设工程合同条件

2.3.1　与招标投标的关系

（1）要式合同

根据《民法典》第三编合同第二章合同的订立，由招标投标生成的建设工程合同属于要式合同，招标人发布的招标公告和招标文件属于要约邀请，投标人的投标文件属于要约，招标人发出的中标通知书是针对中标人的承诺，合同格式一般在招标文件中载明。

（2）合同签约

根据《中华人民共和国招标投标法》46 条，“招标人和中标人应当自中标通知书发出之日起三十日内，按照招标文件和中标人的投标文件订立书面合同。招标人和中标人不得再行订立背离合同实质性内容的其他协议。招标文件要求中标人提交履约保证金的，中标人应当提交。”招标成果对合同签订有强约束性。

（3）量价分离

针对政府和国有资产投资项目的施工合同，基于建设工程设计施工图大部分内容已经清晰，因未进行施工图会审而存在少量不明确或缺陷内容，我国借鉴 FIDIC 合同条件经验，采用在国标工程量清单计价规范约束条件下的公开招标发包，根据合同价格量价分离原则，由招标人承担招标清单工程量责任，由投标人承担相应内容的报价责任。

2.3.2　合同履行

(1) 资质管理

建设工程企业应当按照其拥有的资产、主要人员、已完成的工程业绩和技术装备等条件申请建设工程类企业资质，经审查合格，取得建设工程类企业资质证书后，方可在资质许可的范围内从事建设工程专业活动，包括勘察、设计、监理、施工、劳务、造价咨询、检测等。

(2) 合同基准日

对于实行招标的建设工程，一般以施工招标文件中规定的提交投标文件的截止时间前的第 28 天作为基准日；对于不实行招标的建设工程，一般以建设工程施工合同签订前的第 28 天作为基准日。基准日是一个合同条件状态指定时点，例如基准日前的法律法规属于签约合同的强制性合同条件。

(3) 分包管理

《中华人民共和国建筑法》第二十九条规定，建筑工程总承包单位可以将承包工程中的部分工程发包给具有相应资质条件的分包单位；但是，除总承包合同中约定的分包外，必须经建设单位认可。建筑工程总承包单位按照总承包合同的约定对建设单位负责；分包单位按照分包合同的约定对总承包单位负责。总承包单位和分包单位就分包工程对建设单位承担连带责任。禁止分包单位将其承包的工程再分包。

(4) 安全生产警示

《建设工程安全生产管理条例》第二十八条规定，施工单位应当在施工现场入口处、施工起重机械、临时用电设施、脚手架、出入通道口（图 2-6）、楼梯口、电梯井口、孔洞口、桥梁口、隧道口、基坑边沿、爆破物及有害危险气体和液体存放处等危险部位，设置明显的安全警示标志。安全警示标志必须符合国家标准。

图 2-6　建筑施工出入通道口

2.3.3 合同争议

合同争议一般按和解、调解、争议评审、仲裁或诉讼的顺位解决，强制性约束条件主要是现行法规，其中《最高人民法院关于审理建设工程施工合同纠纷案件适用法律问题的解释（一）》（法释〔2020〕25号）针对性最强。

（1）垫资和利息

① 当事人对垫资和垫资利息有约定，承包人请求按照约定返还垫资及其利息的，应予支持，但是约定的利息计算标准高于中国人民银行发布的同期同类贷款利率的部分除外。

② 当事人对垫资没有约定的，按照工程欠款处理。

③ 当事人对垫资利息没有约定，承包人请求支付利息的，不予支持。

（2）竣工日

码2-2 发包人擅自使用工程法律后果

当事人对建设工程实际竣工日期有争议的，按照以下情形分别处理：

① 建设工程经竣工验收合格的，以竣工验收合格之日为竣工日期。

② 承包人已经提交竣工验收报告，发包人拖延验收的，以承包人提交验收报告之日为竣工日期。

③ 建设工程未经竣工验收，发包人擅自使用的，以转移占有建设工程之日为竣工日期。

（3）合同违约金

当事人约定的违约金超过造成损失的百分之三十的，一般可以认定为《民法典》第五百八十五条第二款规定“约定的违约金过分高于造成的损失的”。

（4）不合格工程

建设工程经竣工验收不合格的，按照以下情形分别处理：

① 修复后的建设工程经竣工验收合格，发包人请求承包人承担修复费用的，应予支持。

② 修复后的建设工程经竣工验收不合格，承包人请求支付工程价款的，不予支持。

2.4 GF-2017-0201示范文本简介

《建设工程施工合同（示范文本）》GF-2017-0201（以下简称GF-2017-0201示范文本）为非强制性使用文本。GF-2017-0201示范文本适用于房屋建筑工程、土木工程、线路管道和设备安装工程、装修工程等建设工程的施工承发包活动，合同当事人可结合建设工程具体情况，根据GF-2017-0201示范文本订立合同，并按照法律法规规定和合同约定承担相应的法律责任及合同权利义务。

2.4.1 主要构架

（1）协议书。GF-2017-0201示范文本合同协议书共计13条，主要包括：工程概况、合同工期、质量标准、签约合同价和合同价格形式、项目经理、合同文件构成、承诺以及合同生效条件等重要内容，集中约定了合同当事人基本的合同权利义务。

（2）通用条款。通用合同条款是合同当事人根据现行法律法规的规定，就工程建设的实施及相关事项，对合同当事人的权利义务作出的原则性约定。通用合同条款共计20条，条款安排既考虑了现行法律法规对工程建设的有关要求，也考虑了建设工程施工管理的特殊需要。

（3）专用条款。专用合同条款是对通用合同条款原则性约定的细化、完善、补充、修改或另行约定的条款。合同当事人可以根据不同建设工程的特点及具体情况，通过双方的谈判、协商对相应的专用合同条款进行修改补充。在使用专用合同条款时，应注意以下事项：

① 专用合同条款的编号应与相应的通用合同条款的编号一致。

② 合同当事人可以通过对专用合同条款的修改，满足具体建设工程的特殊要求，避免直接修改通用合同条款。

③ 在专用合同条款中有横道线的地方，合同当事人可针对相应的通用合同条款进行细化、完善、补充、修改或另行约定；如无细化、完善、补充、修改或另行约定，则填写“无”或划“/”。

（4）附件。协议书附件包括：承包人承揽工程项目一览表；专用合同条款附件：发包人供应材料设备一览表、工程质量保修书、主要建设工程文件目录、承包人用于本工程施工的机械设备表、承包人主要施工管理人员表、分包人主要施工管理人员表、履约担保格式、预付款担保格式、支付担保格式、暂估价一览表。

2.4.2 文件组成和解释顺序

码2-3 施工合同文件的优先顺序

组成合同的各项文件应互相解释，互为说明。除专用合同条款另有约定外，解释合同文件的优先顺序如下：

（1）合同协议书

（2）中标通知书（如果有）

（3）投标函及其附录（如果有）

（4）专用合同条款及其附件

（5）通用合同条款

（6）技术标准和要求

（7）图纸

（8）已标价工程量清单或预算书

（9）其他合同文件

上述各项合同文件包括合同当事人就该项合同文件所作出的补充和修改，属于同一类内容的文件，应以最新签署的为准。

在合同订立及履行过程中形成的与合同有关的文件均构成合同文件组成部分，并根据其性质确定优先解释顺序。

2.4.3 核心条款

一些合同条款会直接决定合同价格，在合同的生命周期中分别决定签约合同价、合同变更价、竣工结算价，体现了合同当事人的核心利益，包括：

（1）发包范围

（2）质量进度安全文明目标

（3）报价约定

（4）履约保证和违约责任

（5）结算与支付
（6）风险分担
（7）变更
（8）材料设备供应
（9）分包
（10）质量保修

2.4.4 案例

（1）背景情况

根据《建设工程价款结算暂行办法》（财建〔2004〕369 号）规定，发包人应按不低于工程价款的 60%，不高于工程价款的 90%向承包人支付工程进度款，某工程施工工期 12 个月，没有预付款，假设资源均衡投入，试从承包人角度计算高低支付比例的资金成本差。

（2）题解及分析

假设条件：合同支付没有预付款、均衡投入。

资金成本取值：根据市场调研，从承包人角度融资的年化资金成本为不低于 15%。

进度款量差：高值 90%－低值 60%＝30%。

资金成本差：30%/2×15%＝2.25%，即会影响合同价 2.25%。

2.5 其他主要建设工程合同

2.5.1 服务类

为规范建设工程各类中介服务活动，维护建设工程合同当事人的合法权益，住房和城乡建设部、国家工商行政管理总局不断对服务类既有合同文本进行修订，先后制定了《建设工程监理合同（示范文本）》GF-2012-0202，《建设工程勘察合同示范文本》GF-2016-0203，《建设工程设计合同示范文本（房屋建筑工程）》GF-2015-0209 和《建设工程设计合同示范文本（专业建设工程）》GF-2015-0210，《建设工程造价咨询合同（示范文本）》GF-2015-0212。此类合同是建设工程的基础合同，属于花小钱办大事性质，合同当事人一般为建设单位与服务单位，建立委托与被委托的关系。

2.5.2 EPC 工程总承包

住房和城乡建设部、国家工商行政管理总局发布的《建设项目工程总承包合同（示范文本）》GF-2020-0216，由合同协议书、通用条款和专用合同条件三部分组成，适用于工程项目的设计、采购、施工（含竣工试验）、试运行等实施阶段实行全过程或若干阶段的工程承包。目前建设市场呈快速上升趋势，合同分歧也易发生，承包人有设计单位牵头和施工单位牵头两种，其中施工单位牵头市场份额更大。

2.5.3 专业分包

建设部和国家工商行政管理总局联合发布的《建设工程施工专业分包合同（示范文本）》GF-2003-0213，借鉴 FIDIC 编制的《土木工程施工分包合同条件》，内容包括协议书、通用条款和专用条款三部分，专业分包合同的当事人是承包人和分包人。通用条款包括 10 部分 38 条，即词语定义及合同文件，双方一般权利和义务，工期，质量与安全，合同价款与支付，工程变更，竣工验收结算，违约、索赔及争议，保障、保险及担保，其他。

2.5.4 PPP项目

我国运行PPP（Public-Private-Partnership，政府和社会资本合作）项目的时间不长，市场成熟度明显不足，法律法规建设暂时缺口较大，政府职能部门尚未形成《民法典》要求的示范文本。目前，较为主流的合同模式为代表政府方的建设单位通过市场竞争选择社会投资人，签订PPP项目投资协议，后成立项目公司，承担PPP项目建设期和运营期的法人主体责任。建设期由项目公司与建设工程各承包人或被委托人签订合同；运营期由项目公司与建设成果使用人签订有偿使用合同；政府方和社会投资人通过订立公司章程确定双方权利和义务。

2.5.5 国际上常见合同

国际上以国际咨询工程师联合会编制的《土木工程施工合同条件》（也称“FIDIC合同条件”）、英国土木工程师学会的“ICE土木工程施工合同条件”和美国建筑师学会的“AIA合同条件”最为流行。FIDIC自1957年发布《土木工程施工合同条件》以来，陆续出版了一系列规范性合同条件，如《土木工程施工合同条件》（*Conditions of Contract for Construction for Building and Engineering Works Designed by the Employer*）（红皮书）、《设备与设计——建造合同》（*Conditions of Contract for Plant and Designed-Build for Electrical and Mechanical Plant and Building and Engineering Works Designed by the Contractor*）（黄皮书）、《EPC/交钥匙工程合同条件》（*Conditions of Contract for EPC/Turnkey*）（银皮书）、《简明合同格式》（*Short Form of Contract*）（绿皮书）、《雇主/咨询工程师标准服务协议》（*Client/Consultant Model Services Agreement*）（白皮书）等。2008年，FIDIC推出了《设计、建造及运行项目合同条件》（*Conditions of Contract for Design, Build and Operate Projects*）（金皮书）。这些合同条件及协议共同构成了FIDIC彩虹族系列合同文件，不仅应用于世界银行、亚洲开发银行、非洲开发银行等国际金融组织的贷款项目，一些国家的国际工程也常采用FIDIC合同条件，我国基本借鉴了FIDIC合同条件。

2.5.6 案例

（1）背景情况

某城市工业开发区规划建设年处理量6万吨污水处理厂，经审批的项目概算投资为23734.93万元，计划建设期为2年，采用PPP模式建设和运营，该城市基础投资公司代表政府方，通过市场公开招标选定了投资公司A作为社会投资人的中标人，投资额为22017.66万元，建设期为2年，运营期为12年。试列举投资公司A在项目建设期应参与签订的主要合同。

（2）题解及分析

本PPP项目处于初步（工艺）设计完成阶段，在确定项目公司后，通过选择其他建设工程参建主体或中介机构，进行施工图设计、工程施工和生产设备安装等建设活动。由于PPP项目的国有或政府投资性质，主要合同发包工作必须采用公开招投标。

① 项目公司相关合同。城市基础投资公司（第一个“P”）与投资公司A（第二个“P”）签订项目投资协议；订立项目公司章程，确定城市基础投资公司（第一个“P”）与

投资公司A（第二个“P”）之间的权利和义务，通过工商注册登记成立项目公司，形成第三个“P”，投资公司A对建设期的合同主张均通过项目公司实现。

② 服务类合同。由项目公司分别与招标（采购）代理人、设计人、监理人、造价跟踪审计人、检测人、竣工结算审计、财务审计等专业服务人签约。

③ 工程和设备合同。由项目公司分别与工程施工承包人、生产设备供应商签约。

练　习　题

一、单项选择题

1.（　　）合同不属于建设工程类合同。

A. 桩基工程施工　　B. 桩基工程施工前场地平整

C. 桩基检测　　D. 桩基检测用桩头施工

2. 施工合同争议仲裁解决时，合同当事人宜向（　　）仲裁委员会提出仲裁。

A. 发包人住所所在地　　B. 承包人住所所在地

C. 工程所在地　　D. 合同签订所在地

3. 房建工程发包人招标采购的（　　）合同，一般属于工程类合同。

A. 电梯　　B. 空调主机

C. 大型变压器　　D. 大口径水泵

4. 当发生（　　）时，即作为施工合同竣工日。

A. 发包人组织参建主体进行竣工验收

B. 发包人收到承包人竣工验收报告

C. 业主提前入住未经竣工验收工程

D. 监理人向发包人提交工程监理质量评估报告

5. 钻孔灌注桩工程分包合同与总包施工合同基础工程的工作界面，以选分包人完成（　　）移交给承包人为宜。

A. 凿桩头　　B. 桩位土方开挖

C. 桩位混凝土灌注　　D. 桩位成孔

6. 房建建设项目高低配电房设备工程一般由电力部门专业单位施工，（　　）是其与施工总承包人的工作界面。

A. 高压配电柜接线上桩头　　B. 高压配电柜接线下桩头

C. 低压配电柜接线上桩头　　D. 低压配电柜接线下桩头

7. 针对某省工期紧的房建工程的①结构工程、②幕墙工程、③室内精装饰工程、④屋面工程、⑤室外附属工程，按施工开始时间先后的顺序是（　　）。

A. ①②③④⑤　　B. ①④②③⑤

C. ①②④③⑤　　D. ①③②④⑤

8. 针对某省工期紧的房建工程的① 结构工程、②幕墙工程、③室内精装饰工程、④屋面工程、⑤室外附属工程，按施工结束时间先后的顺序是（　　）。

A. ①②③④⑤　　B. ①④②③⑤

C. ①②④③⑤　　D. ①③②④⑤

9. 根据要式合同，(　　)是要约。

A. 招标公告　　B. 招标文件

C. 投标函　　D. 中标通知书

10. (　　)在合同组成文件中有优先解释权。

A. 产品技术规格书　　B. 招标设计施工图

C. 经标价的工程量清单　　D. 中标通知书

11. 下列文件中的(　　)在合同组成文件中有优先解释权。

A. 工程量清单计价规范　　B. 招标工程量清单

C. 招标工程量清单补充说明　　D. 经标价的工程量清单

12. (　　)是合同组成文件中的设计施工图纸。

A. 模型　　B. 招标阶段使用设计施工图

C. 经标价的工程量清单　　D. 中标通知书

13. 建设工程的(　　)即为竣工日。

A. 业主占用工程投入使用日　　B. 承包人工程施工完工日

C. 承包人申请竣工验收报告日　　D. 建设工程竣工验收备案日

14. 在建设工程合同管理上，(　　)发生专业分包时法律约束程度相对较大。

A. 设计合同　　B. 造价咨询合同

C. 施工合同　　D. 设备采购合同

15. 取得施工总承包(　　)资质的施工企业，可承担本类别各等级工程施工总承包、设计及开展工程总承包和项目管理业务。

A. 特级　　B. 一级

C. 二级　　D. 三级

二、多项选择题

1. 属于《民法典》规定的建设工程合同是(　　)。

A. 勘察设计合同　　B. 建筑设计合同

C. 工程监理合同　　D. 造价咨询合同

E. 工程施工合同

2. 建设工程合同中的(　　)，一般归为服务类合同的内容。

A. 地形勘察　　B. 景观绿植存活养护

C. 钢结构加工　　D. 桩基检测

E. 竣工验收前建筑幕墙清洗

3. (　　)是针对施工合同发包范围中施工界面的描述。

A. 室外给水系统自总水表后开始，排水系统至外墙皮1.5m

B. 户内给水系统末端墙体出水管留闷头，排水系统支管留置排水器具接管弯头

C. 配电箱低压元器件采用ABB品牌

D. 地下室照明灯具采用LED灯具

E. 卫生间墙面完成水泥砂浆细拉毛

4. 建设工程合同间存在逻辑关系，(　　)是逻辑关系的内涵。

A. 招标合同必须按投标文件签订合同

B. 合同有主辅关系
C. 不同的合同履行有先后次序
D. 合同边界必须清晰
E. 合同当事人应有上下级关系

5. 建设工程合同按当事人的工作性质分为(　　)。

A. 政策类　　B. 工程类
C. 服务类　　D. 货物类
E. 保险类

6. 建设工程合同招标发包有(　　)的招标方式。

A. 定向招标　　B. 议标
C. 公开招标　　D. 单一来源采购
E. 邀请招标

7. 参照 FIDIC 合同条件，我国编制了《建设工程施工合同（示范文本)》GF-2017-0201，包括(　　)合同。

A. 电梯采购安装　　B. 装饰工程施工
C. 工程施工专业分包　　D. 工程施工总承包
E. 建设项目工程总承包

8. 施工合同的发包范围、建设目标、风险分摊、材料设备供应等内容属于合同核心条款，会极大影响施工合同价格，包括(　　)。

A. 招标控制价　　B. 签约合同价
C. 合同变更价　　D. 竣工结算价
E. 竣工决算价

9.《建设工程施工合同（示范文本)》GF-2017-0201 主要由(　　)组成。

A. 协议书　　B. 通用条款
C. 专用条款　　D. 中标通知书
E. 附件

10. 由于确立了(　　)，使施工合同示范文本中协议书在合同文件组成中有优先解释权。

A. 合同当事人共同盖章　　B. 合同当事人发承包关系
C. 合同签约的基础条件　　D. 合同份数
E. 合同签订时间

11. 针对约束和规范建设工程系列活动，(　　)是当今世界上的主流合同条件。

A. JCT 合同条件　　B. FIDIC 合同条件
C. IEC 合同条件　　D. AIA 合同条件
E. AGC 合同条件

12. 针对建设工程合同，(　　)是合同必须遵守的强制性法规。

A. 承担建设工程任务的合同当事人必须具备相应的资质
B. 招标文件要求承包人提交履约保证金的，承包人应当按要求提交
C. 中标通知书发出 30 天内完成合同签订

D. 招标形成的合同不得对中标人的投标文件进行实质性内容改变

E. 建设工程合同必须投保工程一切险

13.（　　）是建设工程招标文件的组成内容。

A. 招标公告　　B. 招标须知前附表

C. 投标文件格式　　D. 评标办法

E. 评标报告

14. 施工合同采用国标工程量清单招标，（　　）是相关的必要条件。

A. 工程建设资金已经落实　　B. 主要设计施工图已经形成成果文件

C. 主要工程材料已明确采购源　　D. 招标代理合同已签订

E. 施工措施方案已经审批

15.（　　）等合同条件对大型工程施工合同价格生成影响很大。

A. 工程款申报文件份数

B. 隐蔽工程验收预报时限允许缩短

C. 现场安全员更换必须经监理人同意

D. 市场价格波动幅度的风险分摊

E. 保修金留置额度和退付规定

三、判断题

1. 建设工程项目合同体系由一组具有时间逻辑关系的合同组成。（　　）

2. 分包工程中不得有再分包行为。（　　）

3. 建设工程设计合同为施工合同创造条件，货物合同是施工合同的从属合同。（　　）

4. 为有利于界定承包人的工作责任，建设工程施工合同应明确发包范围。（　　）

5. 因设计施工图已经清晰表示工程建设内容和范围，施工合同发包范围可以完全引用设计施工图。（　　）

6. 招标文件是合同的组成内容。（　　）

7. 采用公开招标审核合格投标人时，比较简单的工程可采用资格预审方式，比较复杂的工程宜采用资格后审方式。（　　）

8. 根据施工总包合同，由发包人自行将桩基工程分包后纳入总包管理，土体开挖后发现漏打一根桩，则发包人应按桩基分包合同追究分包人的质量责任，承包人可免责。（　　）

9. 建设工程合同投标截止时间前可以随意撤回投标文件。（　　）

10. 为降低建设领域债务纠纷，建设工程发包人未落实建设资金的不准开工，施工合同不得要求承包人垫资承建。（　　）

11. 某办公楼施工过程中承包人不慎撞损一扇楼层电梯门，厂商及时完成更换，费用为1800元，发包人则按施工合同约定扣减了承包人1000元的文明施工履约保证金。（　　）

12. 施工总承包合同和EPC工程总承包合同的建筑主体结构工程均不得分包。（　　）

13. 为提升施工合同的严密性，我国允许采用QS工料测量师编写的招标文件对城市

廉租房工程施工进行公开招标。(   )

14. EPC工程总承包合同目前在建设市场上呈上升趋势，承包人有设计单位牵头和施工单位牵头两种，其中设计单位牵头市场份额更大。(   )

15. PPP合同是指政府部门与施工企业针对公共设施工程项目进行合作而签订的一种特殊施工合同。(   )

四、案例分析

1. 履约保证

某工业园区高新企业投资建设大跨度厂房工程，施工合同签约合同价5763.26万元，合同工期300天，合同约定，承包人向发包人提供签约合同价10%的银行保函，其分配比例为质量目标：进度目标：施工项目部主要成员和大型施工机械到位情况：文明施工目标和其他=4：3：2：1，其中进度目标提前和滞后1天均按万分之四分别进行奖罚，相关费用可在竣工结算时结算。工程于2015年12月11日开工，因配合生产工艺设备调整，发包人确认工期延期6天。2016年10月9日承包人向发包人提出竣工申请，2016年10月13日五方质量主体组成的验收小组进行竣工验收活动，提出工程整改意见，2016年10月18日发包人入驻进行生产设备安装，2016年10月22日监理人确认承包人已完成验收小组提出的整改要求，2016年11月20日发包人开始试生产。试计算承包人工期奖罚费用。

2. 招标流程

某地方国企开发的写字楼工程，地上12～24层，地下2层，框筒结构，建筑面积14.23万m^2，发包人委托招标代理进行招标活动，详见表2-1。

招标活动流程工作表 **表2-1**

时间	流程工作	备注
2018年7月9日	发布招标公告	场地平整和围墙工程
2018年7月13日	开始发售招标文件	
2018年7月20日	招标文件答疑	确定招标控制价670.79万元，要求工期55天
2018年8月7日	截标、开标、评标、公示	
2018年8月9日	询标	第一中标候选人的已标价工程量清单汇总价格636.42万元，大写报价为陆佰叁拾陆万肆仟贰佰元，投标人同意报价统一修正为636.42万元
2018年8月13日	发出中标通知书	中标价636.42万元，工期55天
2018年8月15日	中标人进场	
2018年8月17日	退回所有投标保证金	
2018年8月20日	中标人开始施工	
2018年9月18日	完成合同商洽	根据中标人具体实施、监理人现场测量，修正了招标清单工程量用于签约，并商定工期缩短5天
2018年9月20日	签订合同	签约合同价624.86万元，工期50天

针对合同管理，试分析该招标活动不妥之处。

3. 合同解释顺序

某义务小学教学楼改造装饰工程施工，签约合同价 1780.44 万元，合同工期 180 天。开工后监理人发现，项目一：每个标准教室后墙设计施工图中有墙报黑板，共 36 块，市场价 587 元/块，招标工程量清单未列入；项目二：教室和教师办公室门设计施工图有执手门锁，共 82 把，市场价 245 元/把，招标工程量清单中教室和教师办公室门的项目特征描述中未提及门锁。承包人认为，工程量清单属于合同文件，合同上没有列入且未作报价的内容不应施工；发包人认为，设计施工图是合同文件，承包人必须按图施工，因设计施工图招标与招标文件同时提供，属于承包人的报价漏项而不予补偿。试问监理人应如何处理？

4. PPP 项目

某工业园区污水处理厂工程，设计日处理污水量为 6 万 t，拟采用 PPP 方式运作，经测算建造成本 11034.25 万元，建设期为 1 年，建成年运行平均产能 90%，收费 1.75 元/t，运行费用 0.80 元/t，行业投资基准为 7%，某社会资本欲参与投标，试计算其投标最低运营年限。

码2-4 模块2练习题参考答案

模块 3 施工合同计价基础条件

3.1 施工合同计价体系

根据我国建设程序，建设工程项目按阶段进行计价，存在从投资初步估算到财务竣工决算的各种价格形式，详见图 3-1。针对施工合同计价，由施工图预算演化而来，施工图预算表现为招标参考预算或招标控制价或标底，通过施工合同发包活动，形成签约合同价。施工合同价格计算一般需要综合国标工程量清单、区域定额、官方公布施工资源信息价、市场价、承包人期望收益等要素，这些要素组成施工合同计价体系。

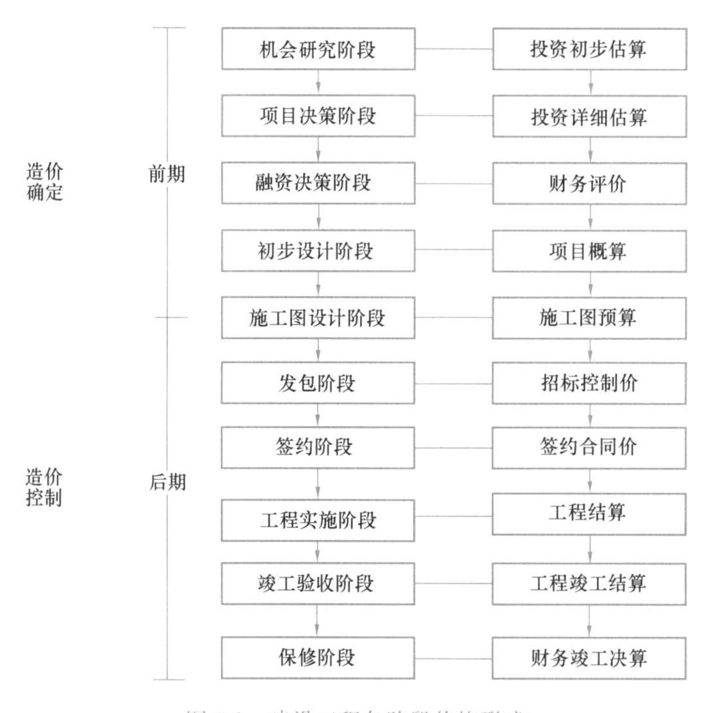

图 3-1 建设工程各阶段价格形式

3.1.1 基于定额计价

根据我国建设工程项目管理历史沿革，针对建设工程计价依据，省市级政府设立建设工程造价管理部门，负责行业和区域内编制、管理建设工程预算定额，发布施工资源信息价。建设工程预算定额规定了工程计价子目定义、工程量计算规则、套用单价、取费标准等计价标尺，与定期发布的施工资源信息价配套使用，反映了区域生产力社会平均消耗水平。由于定额计价规定由政府主管部门发布，属于官方认可的计价依据，在政府投资、国有投资建设工程项目上普遍采用，民营投资建设工程项目则参考使用。

3.1.2　基于承包人市场结算计价

由于政府主管部门相隔几年才编制一次定额，使定额计价常常滞后于市场实际，尤其是定额人工费一直低于市场人工实际价格，使承包人必须面临收支两套计价模式。基于定额的施工合同计价作为承包人收入，用于与发包人进行施工合同结算；基于承包人市场结算计价作为承包人支出，用于为履行施工合同义务采购各项社会资源的结算。因两套体系计价水平不一致，口径上也存在较大差别，具体在施工项目成本核算上通常是采用材料费的盈余补贴人工费和机械费的缺口，承包人只有当与发包人的计价收入大于采购市场要素支出一定幅度时，才能在建筑市场上生存下去。

3.1.3　基于国标工程量清单计价

根据现行法规，针对政府投资和国有投资项目，其建设工程施工合同招标发包时，必须按《建设工程工程量清单计价标准》GB/T 50500—2024 规定进行招标，实施量价分离原则，由招标人提供工程量清单，由投标人根据自身竞争实力自主报价，招标人承担量的责任，投标人承担价的责任。因计价规范和区域定额在工程量计算规则中存在较大差别，招标工程量清单一般不能直接套用区域定额价格，市场惯例中，先根据招标工程量清单换算成区域定额子目工程量后套用定额价格，后招标人根据官方信息价修正形成招标控制价或投标最高限价，大多数投标人根据市场结算修正形成投标报价。

3.1.4　常见施工合同计价模式

针对政府投资和国有投资项目，建设工程施工合同价格由招标生成，发包人提供的工程量清单包括分部分项工程量、措施项目、零星工程和相应的编制说明，承包人根据工程量清单和描述内容套用区域定额子目进行综合单价组价计算，组价时根据施工合同条件、自身市场结算基础价格、企业管理费用、利润期望值、风险承受能力形成综合单价，针对安全文明施工费按略高于合同约定的底限，规费、税金完全执行合同条件约定。部分承包人会使用不平衡报价策略，为自己获取更大的收益。

3.1.5　合同变更价格规定

施工合同常规变更估价原则：除专用合同条款另有约定外，变更估价按照本款约定处理：①已标价工程量清单或预算书有相同项目的，按照相同项目单价认定；②已标价工程量清单或预算书中无相同项目，但有类似项目的，参照类似项目的单价认定；③变更导致实际完成的变更工程量与已标价工程量清单或预算书中列明的该项目工程量的变化幅度超过±15%的，或已标价工程量清单或预算书中无相同项目及类似项目单价的，按照合理的成本与利润构成的原则，由合同当事人商定或确定变更工作的单价。

3.1.6　案例

（1）背景情况

某新建廉租房高层住宅小区工程（图 3-2），地下 2 层，地上 22～26 层，建筑面积 227387.27m^2，其中地下室面积 68347.35m^2，签约合同价 87544.10 万元，工期 700 天，其中地下室结构工程人工费 176.7 元/m^2，地上结构工程人工费 197.40 元/m^2，承包人的劳务发包价格木工班组 115 元/m^2，钢筋工班组 55 元/m^2，结构泥工班组 50 元/m^2，粉刷泥工班组小包（不含材料费）110 元/m^2，架子工班组 22 元/m^2，请测算承包人结构工程人工费市场价与签约合同价的差额。

图 3-2　某新建廉租房高层住宅小区工程

（2）题解及分析

① 由于新建廉租房属于政府投资项目，施工合同计价必须采用政府主管部门发布的计价规则，而承包人必须面对市场惯例进行成本结算，则造成签约合同价与市场价不一致。

② 本结构工程施工合同签约合同价人工费（取整数）

68347.35×176.7＋(227387.27－68347.35)×197.4＝43471457 元

③ 本结构工程市场价人工费（取整数）

227387.27×(115＋55＋50)＝50025199 元

④ 市场价比签约合同价高出 6553742 元，一般用材料利润填补这个缺口。

码3-1 项目目标

3.2　施工合同建设目标

3.2.1　发包范围

根据现行建设法规、区域生产力水平、市场惯例等约束条件，针对建设工程施工，施工合同当事人约定由承包人负责完成的施工内容，一般在协议书中明确，并与设计文件、招标发包工程量清单共同形成整体概念，发包范围既决定了合同当事人工作责任大小边界，也决定了合同当事人债权债务规模，例如新建市政道路工程是否包括道路绿化（图 3-3）、房建二次装饰工程是否包括结构加固。

3.2.2　质量目标

（1）合格。工程施工完成后，根据现行建设工程质量验收规范，由建设工程参建各方主体共同认定。施工合同达到合格目标是底线，如果建设工程实体不能达到合格要求，建设工程将不允许投入使用，属于建设工程投资失败，并将追究参建主体责任，包括刑事责任。

图 3-3　某新建市政道路

（2）专业优质工程。一般包括结构工程、装饰工程、景观工程、安装工程、钢结构工程等（子）分部工程的专业工程，在合格的基础上，根据区域等级分区县级、市级、省级、国家级，以各级行业协会认定的质量奖为标志。

（3）优质工程。根据区域等级分区县级、市级、省级、国家级，以区域政府主管部门认定的质量杯为标志，其中国家级优质奖有詹天佑奖、鲁班奖、李春奖（图 3-4）等。

各类优质工程是一定时期区域和行业中少数工程的质量荣誉，并不是所有工程均可以确定为优质工程，除实体质量处于先进水平外，还必须符合很多优势条件才有机会，包括工程规模、先进技术应用、安全文明成效、优质工程名额分配等。

图 3-4　詹天佑奖、鲁班奖、李春奖奖杯

3.2.3　进度目标

建设工程施工合同以竣工验收为进度目标，一般设定以开工日为起点，以竣工日为终点，中间也会设定重要里程碑进度节点，例如针对房建工程，通常会设定桩基础工程、

±0.000m以下结构工程、结顶、外脚手架拆除、外立面工程等完工日。确定建设工程进度目标与工程规模、工程内容、投入使用要求、区域生产力、各项施工条件相关，一般参照区域工期定额和市场惯例计算施工工期。

3.2.4 安全文明目标

随着“绿水青山就是金山银山”理论的深入贯彻，以人为本和环境保护的原则共同约束着建设工程施工过程要落实安全文明标准化工地，根据区域等级分区县级、市级、省级标化工地，乃至国家级安全文明示范工地，安全文明目标常作为质量目标中优质工程的基础条件，标化工地等级一般与优质工程等级配套。

3.2.5 概算限额

根据工程建设程序，每个阶段都有作为目标成本的工程投资额，控制着下一级的投资使用，针对施工合同工程造价，必须控制在经批准的概算限额内。概算属于初步设计的造价成果，施工合同价格属于设计施工图预算经市场竞争的造价成果，概算在前，施工合同价在后，下一级的目标成本必须控制在上一级的目标成本内。针对建设工程概算所列预备费，一般情况下以不动用为原则，当发生市场价格上涨幅度、设计变更内容、不可预见费用等建设单位应承担责任的较大风险事件时，允许动用预备费。

3.3 施工合同承包方式

3.3.1 包工包料

发包人将建设工程施工所需工料机等基础社会资源全部交承包人组织采购，承包人承担采购量不足和过量的风险。相比大多数发包人，由于承包人专业性更强，包工包料模式会提升社会资源综合利用程度，有利于界定工程施工质量责任，一般发承包人都乐于接受，因此在各类工程施工合同中都有广泛应用（图 3-5）。

图 3-5 包工包料工程现场

3.3.2　包工不包料

发包人自行采购建设工程施工需要的全部用材后交承包人施工，将建设工程施工需要的用工和机械等社会资源交承包人组织采购，发承包人各自承担采购量不足和过量的风险。由于承包人收益狭窄，质量要素产生交叉而不利于界定工程施工质量责任，极易引起发承包人合同争议，一般工程施工合同很少采用，只在家装工程中或劳务分包合同中应用。

3.3.3　部分甲供

发包人自行采购建设工程施工需要的部分用材后交承包人施工，将建设工程施工需要的其他用材、用工和机械等社会资源交承包人组织采购，发承包人各自承担采购量不足和过量的风险。由于承包人收益收窄，易引起发承包人合同争议，发包人需要谨慎采用这种模式，当发包人为保证工程品质、有自产品、有通畅的供货渠道、有足够的专人管理时，施工合同可以选择部分甲供模式。

3.3.4　指定分包

根据社会化分工，建设工程中专业工程由专业施工企业分包，由于发包人在合同价款上的地位，分包人为降低相应财务成本而更愿意与发包人直接发生经济往来，分包工程造价更便宜，因此很多专业工程形成了发包人指定分包。发包人指定分包让承包人控制权受制并且收益收窄，也易引起发承包人合同争议。

3.3.5　案例思考题

码3-2 工程经济

（1）背景情况

某业主在城郊有一套住房准备装修，建筑面积 128.34m^2，经与家装公司商谈后，施工合同有两个方案。方案一：包工包料，由家装公司免费提供装饰设计图，管理费率 12%，暂定计费基数为人工费 28000 元和材料费 225000 元，如果对施工成果业主变更设计则另行商议人工费调整并纳入计费基数，如果业主提升材料档次则按增加额的 50%纳入计费基数；方案二：包工不包料，由业主自行提供装饰设计图，市场价格约 18000 元，业主通过私人关系可以获得优惠 8%的材料价格，家装公司事先提出料单由业主及时提供，人工费和管理费暂定 62000 元，如果对施工成果业主变更设计则另行商议人工费调整。试从经济角度选择施工合同形式。

（2）题解及分析

基础条件一：假设业主发生不变更，则

① 方案一，包工包料费用测算为

(28000＋225000)×(1＋12%)＝283360 元

② 方案二，包工不包料费用测算为

18000＋62000＋225000×(1－8%)＝287000 元

③ 两者费用几乎相当。

基础条件二：假设业主变更后人工和材料均增加 10%，则

① 方案一，包工包料费用测算为

(28000×1.1＋225000×1.05)×(1＋12%)＝299096 元

② 方案二，包工不包料费用测算为

18000＋62000×1.1＋225000×1.1×(1－8%)＝313900 元

③ 方案二的费用是方案一的 104.95%。

基础条件三：假设业主变更后人工和材料均增加 20%，则

① 方案一，包工包料费用测算为

(28000×1.2+225000×1.1)×(1+12%)=314832 元

② 方案二，包工不包料费用测算为

18000+62000×1.2+225000×1.2×(1−8%)=340800 元

③ 方案二的费用是方案一的 108.24%。

根据以上测算，形成以下比选意见：

① 当家装工程没有变更情况时，两个方案都可以选择。如果选择方案一，业主相对省心，但采购材料在承包人指定范围内选择余地小；如果选择方案二，业主采购材料时需要耗费很多时间和精力，但更容易买到自己喜欢的品牌。

② 当家装工程发生变更情况时，方案二的费用随变更量快速上升，业主面临的风险较大。事实上家装工程发生变更是常态，从经济角度宜选择方案一。

3.4 合 同 调 价

3.4.1 调价原因

在施工合同履行期间，由于建设工程所需社会资源要素的市场价格发生波动，或者是合同基准日后发生法规调整，使施工合同价格发生影响并超出了承包人应承担的风险范围，则根据施工合同约定，对相应内容进行价格调整。针对政府投资和国有投资建设工程，各地财政主管部门也会出台相应的调价文件，民营投资建设工程会参照执行。

3.4.2 调价内容

(1) 材料。合同履行期间，因材料价格波动影响合同价格时，需要进行价格调整的材料，其单价和采购数量应由发包人审批，发包人确认需调整的材料单价及数量，作为调整合同价格的依据。

(2) 人工。合同履行期间，因人工价格波动影响合同价格时，通常按照国家或省、自治区、直辖市建设行政管理部门、行业建设管理部门或其授权的工程造价管理机构发布的人工系数进行调整。

(3) 机械。合同履行期间，因工程设备和机械台班价格波动影响合同价格时，自有机械使用费按照机上人工和动力燃料进行调价，租赁机械使用费按照租赁费进行调价。

3.4.3 调价方式

(1) 价格指数差法

因人工、材料和设备等价格波动影响合同价格时，根据专用合同条款中约定的数据，按以下公式计算差额并调整合同价格：

$$\Delta P = P_0\left[A+\left(B_1\times\frac{F_{t1}}{F_{01}}+B_2\times\frac{F_{t2}}{F_{02}}+B_3\times\frac{F_{t3}}{F_{03}}+\cdots+B_n\times\frac{F_{tn}}{F_{0n}}\right)-1\right]$$

式中 ΔP——需调整的价格差额；

P_0——约定的合同范围中承包人应得到的已完成工程量的金额。约定的变更及其他金额已按现行价格计价的，不计在内；

A——定值权重（即不调部分的权重）；

B_1，B_2，B_3，…，B_n——各可调因子的变值权重（即可调部分的权重），为各可调因子在签约合同价中所占的比例；

F_{t1}，F_{t2}，F_{t3}，…，F_{tn}——各可调因子的现行价格指数，指合同专用条款约定的各可调因子的价格指数；

F_{01}，F_{02}，F_{03}，…，F_{0n}——各可调因子的基本价格指数，指基准日期的各可调因子的价格指数。

以上价格调整公式中的各可调因子、定值权重和变值权重，以及基本价格指数及其来源在投标函附录价格指数和权重表中约定，非招标订立的合同，由合同当事人在专用合同条款中约定。使用指数法调价时，可以是综合指数，也可以是单项指数。价格指数应首先采用工程造价管理机构发布的价格指数，无前述价格指数时，可采用工程造价管理机构发布的价格代替。

（2）信息价差法

针对超风险上涨调价公式：

正值差价＝[合同约定期单价－基期单价×(1＋风险幅度)]×对应合同约定期资源用量

针对超风险下跌调价公式：

负值差价＝[合同约定期单价－基期单价×(1－风险幅度)]×对应合同约定期资源用量

以上合同约定期、基期、风险幅度均应在施工合同专用条款中约定。

（3）实际价格差法

合同可调差价＝(实际购买单价－合同约定单价)×对应合同约定资源用量

此调价公式主要应用于甲供材料设备结算。

3.4.4　法规变化

合同基准日期后，法律法规变化导致承包人在合同履行过程中所需要的费用发生除约定市场价格波动引起的调整以外的增加时，由发包人承担由此增加的费用；减少时，应从合同价格中予以扣减。基准日期后，因法律变化造成工期延误时，工期应予以顺延。因承包人原因造成工期延误，在工期延误期间出现法律变化的，增加的费用和（或）延误的工期由承包人承担。

3.4.5　案例

（1）背景情况

某小学新建校区工程，施工合同2016年5月27日签约，签约合同价为4947.22万元，其中安全文明施工费187.71万元，合同约定组织措施费包干。工程于2016年6月22日开工，2016年7月9日接到工程所在地建设职能部门下发《关于落实政府投资类项目工程民工宿舍安装空调事宜的通知》，承包人按规定安装了43台分体空调，每台空调价格为1820元，竣工后按900元/台转手给旧货回收商。试处理承包人就该空调设备费的索赔。

（2）题解与分析

① 因某小学新建校区工程属于政府投资项目，一般通过公开招标投标活动形成施工合同，合同条件应采用示范文本。合同约定组织措施费包干是针对合同基准日之前的法规条件，基准日后的法规变化属于发包人的风险。

② 根据施工合同示范文本，合同所称法律是指中华人民共和国法律、行政法规、部门规章，以及工程所在地的地方性法规、自治条例、单行条例和地方政府规章等。

③ 工程所在地建设职能部门下发《关于落实政府投资类项目工程民工宿舍安装空调事宜的通知》，属于基准日后发生的法规变化。

④ 就该空调设备费，发包人可以批准承包人的索赔额为

(1820－900)×43＝39560 元。

3.5 合同结算和支付条件

施工合同结算为发承包人确定了合同履行在时间轴线上的债权债务额度，施工合同支付为发承包人解决了债权债务逐步平复，直至最终消灭。由于承包人在施工过程大量整合施工用的社会资源，需要使用施工合同款项以购买这些社会资源，面临资金的财务成本，则施工合同结算和支付条件直接决定施工合同价款。

3.5.1 预付款

施工合同签约后和施工活动开工前，发包人向承包人支付签约合同价一定比例的预付款，由承包人用于材料、工程设备、施工设备的采购及修建临时工程、组织施工队伍进场等，为工程实体施工创造条件（图 3-6）。根据市场惯例，政府投资和国有投资建设工程一般会发生预付款，民营投资建设工程一般不发生预付款。

图 3-6 工程现场临时设施搭设

3.5.2 按月结算

由于建设工程投资大、工期长，为降低施工合同当事人的债权债务强度，合同条件通常会约定按月结算与支付。一般约定承包人应于每月 25 日向监理人报送上月 20 日至当月 19 日已完成的工程量报告，并附具进度付款申请单、已完成工程量报表和有关资料；监理人在 7 天内完成审核报发包人，发包人 7 天内完成审核，针对确认额度 14 天内完成支付。

3.5.3 分段结算

码3-3 里程碑计划

根据建设工程进度里程碑计划，进度大节点施工阶段工程内容存在相似性，为相对准确地反映阶段性工程价格条件，施工合同可以采用分段结算，如针对房建工程可以分桩基工程、地下室结构工程、主体结构工程、幕墙工程、竣工验收等进度节点，针对线性市政工程可以按长度坐标分段。由于分段结算后承包人可以获得合同款项，因此有利于提升承包人抓施工进度的积极性。

3.5.4 竣工结算

建设工程竣工验收后，施工合同发承包人应进行竣工结算，核算施工合同当事人的债权债务总额和已经发生的支付额度。竣工结算由承包人编制，提交发包人后再交由相应造价咨询资质的中介机构审核，其中政府投资项目由财政部门负责审核。根据工程规模，编制和审核周期通常各控制在1～3个月内，现实中竣工结算一般被拖延6个月以上，甚至更长，承包人、发包人、中介机构都会延误竣工结算进度。

3.5.5 支付比例

施工合同预付款一般按签约合同价的10%～15%支付，施工工期很长的跨年度工程可以按年度计划完成产值的10%～15%支付。安全文明施工费开工前支付50%以上，其余额度按总价措施费根据已完施工产值分摊。进度款通常按已完施工产值的70%～85%支付，同时抵扣预付款；国际惯例是按已完施工产值抵扣质量保证金和预付款后全额支付。竣工结算时须落实质量保证金后才能结清合同价款。

3.5.6 案例

（1）背景情况

某住宅小区工程集中设二层地下室，地上28～32层，共11幢，建筑面积17.23万m^2，钻孔灌注桩，部分PC框架剪力墙结构；按GF-2017-0201示范文本签订施工合同，签约合同价59443.54万元，合同工期30个月，履约保证金按签约合同价10%的银行保函；无预付款，按月结算，支付比例按已完工程量的75%，进度大节点桩基工程、地下室工程、主体工程、外立面工程完成后付至已完工程的80%，竣工验收后付至签约合同价的80%。2017年10月11日开工后，至2020年5月6日通过竣工验收，2021年1月10日完成竣工结算审定，竣工结算价为61234.76万元，承包人利润率为8.17%，2021年1月20日承包人提交质量保证金银行保函后，收到最终结算款。假设承包人融资成本年化率为9.4%，试计算竣工验收日至最终结算款获取日承包人的财务成本额。

（2）题解与分析

① 按本工程施工合同条件中无预付款、支付比例、合同利润率的条件，承包人在工程开工后和获得竣工结算款项前，一直发生财务成本。

② 假设承包人的银行保函不发生财务成本。

③ 按市场惯例，竣工验收后承包人会存在少量负债，未支付额度折算为竣工结算价的5%。

④ 竣工验收日至最终结算款获取日承包人的垫资额为：

61234.76×(1－8.17%－5%)－59443.54×80%＝5615.31万元

⑤ 其财务成本额为：5615.31×9.4%×(25＋30＋31＋31＋30＋31＋30＋31＋20)/365＝374.55万元

3.6 合同保证金

3.6.1 履约保证金

（1）作用。根据买方市场占主导地位原则，针对建设工程施工合同，一般由承包人向发包人提交一定额度的货币权益，为承包人履行合同义务作经济担保，一般作为施工合同生效的条件，合同实施过程中如发生承包人违约，发包人有权从经济担保中主张赔偿。施工合同履约保证金发挥了经济杠杆功能，对发包人有较大的保护作用，对承包人有较大的约束作用。

（2）常见额度。根据《中华人民共和国招标投标法实施条例》第五十八条，招标文件要求中标人提交履约保证金的，中标人应当按照招标文件的要求提交。履约保证金不得超过中标合同金额的10%，目前政府投资项目不得超过中标合同金额的2%。针对施工合同质量、进度、安全文明、大型机械和主要管理人员到位等目标和主要指标，发承包人通常会结合工程特点，将履约保证金总额按比例作进一步的细分。

（3）退付条件。除工程质量保修责任外，施工合同约定承包人的必须完成工程质量资料和竣工结算与支付才被认为履约完成。由于施工合同竣工结算与支付周期较长，甚至发承包人可能发生争议，为这项工作增加更大的不确定性。根据市场惯例，一般合同约定通过竣工验收作为履约保证金的退付条件，承包人后续履约内容由工程竣工结算款作为担保。

（4）违约责任。根据《中华人民共和国招标投标法》第六十条，中标人不履行与招标人订立的合同的，履约保证金不予退还，给招标人造成的损失超过履约保证金数额的，还应当对超过部分予以赔偿。

3.6.2 质量保证金

（1）作用。承包人按施工合同条件整合了大量社会资源，形成建设工程实体质量，根据《建设工程质量管理条例》，承包人承担建设工程施工质量和保修责任，具体是保证建设工程最低期限内安全和正常使用功能，如有施工质量缺陷必须无条件维修和承担相应损失。为此，承包人向发包人提交一定额度的货币权益，为承包人履行合同义务作经济担保。

（2）常见额度。根据现行《建设工程质量保证金管理办法》（建质〔2017〕138号）和GF-2017-0201示范文本，质量保证金额度不得超过工程价款结算总额的3%。在工程项目竣工前，已经缴纳履约保证金的，发包人不得同时预留工程质量保证金；采用工程质量保证担保、工程质量保险等其他保证方式的，发包人不得再预留保证金。市场操作中，发承包人也有约定质量保证金按施工合同竣工结算价的1.5%～2.5%考虑。

（3）退付条件。合同约定质量保证金期限到期后，承包人履行了合同约定的保修责任，经承包人提出退付申请，发包人应在14天内完成核实，核实后14天内完成退付。针对合同价款抵作质量保证金的，发包人在退还质量保证金的同时可按照中国人民银行发布的同期同类贷款基准利率支付利息，市场惯例是无息分期退付，以房建工程为例，分一年、两年、五年期。

码3-4 保修金结算退付

（4）违约责任。合同约定质量保证金期限内，因承包人原因造成工程的缺陷或损坏，承包人拒绝维修或未能在合理期限内修复缺陷或损坏，且经发包人书面催告后仍未修复的，发包人有权自行修复或委托第三方修复，包括相应损失的所需费用由承包人承担，从质量保证金中抵扣。

3.6.3　保证金形式

（1）现金。竣工结算后，由承包人向发包人提交一定额度转账支票或类现金的票据作为质量保证金，由发包人向承包人提供款项收据。其优点是施工合同价款完成财务清结，有利于工程发票管理，缺点是增加承包人资金周转压力。

（2）银行保函。竣工结算后，由承包人向发包人提交一定额度银行保函，由发包人签收保函递交证明。其优点是施工合同价款完成财务清结，有利于工程发票管理，同时适当减轻了承包人资金周转压力。

（3）从应付工程款中扣留。由发包人在应付工程款中扣留一定额度作为质量保证金，一是在支付工程进度款时逐次扣留，在此情形下，质量保证金的计算基数不包括预付款的支付、扣回以及价格调整的金额；二是工程竣工结算时一次性扣留质量保证金。其优点是结算过程承包人不需要另行提交资金，缺点是施工合同价款不能完成财务清结，不利于工程发票管理，同时增加了承包人资金周转压力。

3.6.4　政策导向

为清理规范工程建设领域保证金，推进简政放权、放管结合、优化服务改革，有利于减轻企业负担、激发市场活力，有利于发展信用经济、建设统一市场、促进公平竞争、加快建筑业转型升级。根据《国务院办公厅关于清理规范工程建设领域保证金的通知》（国办发〔2016〕49 号），对保留的投标保证金、履约保证金、工程质量保证金、农民工工资保证金，推行银行保函制度，建筑业企业可以采用银行保函方式缴纳。

3.6.5　案例思考题

（1）背景情况

某民营投资建设工程施工合同招标控制价 37860.72 万元，预测中标价为招标控制价下浮 8.5%，合同条件约定由中标人向招标人提交中标价 10%的履约保证金作为合同生效条件，工程竣工验收后一周内退还，招标要求工期为 34 个月，针对施工合同的履约保证金形式为银行保函，假设承包人获得保函的存款冻结额与保函额之比为 0.6，银行存款年化利息为 3.4%，同期承包人资金财务成本为 8.8%，试计算承包人履约保证金对签约合同价的影响值。

（2）题解及分析

① 本工程规模较大，施工合同签约生效至开工日的施工准备必须耗费较长时间，如考虑工期延误则合同工期更长，假设这些时间为 2 个月，则合同履约保函财务成本时间为 2＋34＝36 个月。

② 因银行保函属于抵押，利息收益留在承包人账户。

③ 保函财务成本：$1.088^3-1.034^3=18.24\%$。

④ 保函财务成本影响签约合同价权重：10%×0.6×18.24%＝1.09%。

⑤ 影响签约合同价额度：37860.72×(1－8.5%)×1.09%＝377.60 万元。

练　习　题

一、单项选择题

1. 建设工程在建设过程中有多种造价形式，其中(　　)计算精度要求最高。

A. 投资估算　　B. 初步设计概算

C. 施工图预算　　D. 竣工结算

2. 采用固定单价的施工合同，(　　)不计入综合单价中。

A. 工料机　　B. 管理费

C. 利润　　D. 税金

3. 建设工程(　　)是编制施工图预算时计算工程量的依据。

A. 方案设计图　　B. 初步设计图

C. 设计施工图　　D. 设计加工图

4. 建设工程竣工验收后，应对建设工程项目进行全成本核算，由(　　)编制竣工决算。

A. 施工专业人员　　B. 造价专业人员

C. 财务专业人员　　D. 设计专业人员

5. 建设工程施工场地引入施工电源属于发包人的责任，(　　)宜作为责任界面。

A. 施工临时变压器下桩头　　B. 施工临时变压器出线箱下桩头

C. 施工用电计量柜上桩头　　D. 施工用电计量柜下桩头

6. 针对喷涂成形的室内乳胶漆工程，提高质量标准后，因(　　)显著增加而增加了施工成本。

A. 人工费　　B. 材料费

C. 机械费　　D. 管理费

7. 某房建工程施工合同约定，电梯分包工程由发包人另行公开招标发包，则电梯工程施工配合费(　　)。

A. 由承包人报价，发包人支付给承包人

B. 由承包人报价，分包人支付给承包人

C. 由分包人报价，发包人支付给承包人

D. 由分包人报价，分包人支付给承包人

8. 针对建设工程施工合同中的分包工程，由发包人主导发包改成由承包人主导发包，以承包人经济角度看，会造成(　　)。

A. 成本增加，利润增加　　B. 成本增加，利润减少

C. 成本减少，利润增加　　D. 成本减少，利润减少

9. 针对施工合同调价竣工验收后一次性结算与支付、同进度款同步结算与支付，因直接影响承包人(　　)使之与施工合同价格正相关。

A. 存款利息　　B. 贷款利息

C. 财务成本　　D. 管理成本

10. 针对政府投资建设工程，当施工图预算超过同口径概算额度，(　　)后进行施工

招标工作。

A. 测算超概额度在概算的总额内

B. 测算超概额度在概算的预备费内

C. 测算通过市场竞争能将中标价控制在概算额度内

D. 修改设计使施工图预算在同口径概算额度内

11. 某城市主干道施工合同，针对施工用反铲挖掘机发生的(　　)市场价格波动超过合同约定风险幅度6%时，不进行施工合同调价。

A. 机上人工　　B. 柴油

C. 机油　　D. 租赁费

12. 因考虑到工作效率和降低承包人的财务成本，跨年度工程宜(　　)进行施工合同结算与支付。

A. 按年度　　B. 按季度

C. 按月度　　D. 按周

13. 根据GF-2017-0201示范文本条件约定，承包人于5月25日上午10：15向监理人提交月度进度款申请，按法律意义理解，监理人应在(　　)前完成审核工作，向发包人提交工程款支付证书。

A. 6月1日10:15前　　B. 6月1日下班时间前

C. 6月1日24:00前　　D. 6月2日上班时间前

14. 针对工期较长的大中型工程，施工合同采用分段结算并提高支付比例，主要会促进(　　)实现。

A. 质量目标　　B. 工期目标

C. 安全文明目标　　D. 成本目标

15. 跨多个年度的建设工程进行施工合同结算时，就社会资源市场价格贴合度而言，采用(　　)比较合适。

A. 按签约合同价包死　　B. 按月结算

C. 按施工段结算　　D. 竣工后一次性结算

16. 某小学教学楼工程施工承包人因自身原因造成合同工期延误15天，必须承担违约责任，则发包人可以从(　　)中扣减。

A. 最后一期进度款　　B. 履约保证金

C. 竣工结算　　D. 竣工结算尾款

17. 某建设工程签约合同价7859.34万元，其中暂定金额300万元，甲供设备材料780万元，合同约定按竣工结算价的3%留作质量保证金，竣工结算后，针对签约合同价同口径调整为7932.78万元，其中暂定金额已具体为317.26万元，甲供设备材料812.45万元，应扣水电费43.34万元、履约保证金10.73万元，则本合同质量保证金为(　　)万元。

A. 237.98　　B. 213.61

C. 212.31　　D. 211.99

18. 施工合同履约保证金一般在合同生效前由承包人提交给发包人，一般在(　　)后由发包人退付给承包人。

A. 工程完工
B. 竣工验收
C. 竣工结算
D. 工程资料归档

二、多项选择题

1. 在按国标工程量清单招标时，(　　)是建设工程在施工合同招标阶段主要工程造价形式。

A. 初步设计概算
B. 施工图预算
C. 招标控制价
D. 投标价
E. 竣工结算价

2. 建设工程施工场地平整属于发包人的责任，(　　)属于平整范围。

A. 建设用地红线内
B. 永久建筑施工占地范围高差控制在 30cm 内
C. 必须保证大型施工机械行走的承载力
D. 建设用地外施工道路
E. 临时设施借用场地

3. 政府发布的定额计价与承包人市场结算计价存在较大偏离，主要表现在(　　)。

A. 实体工程数量
B. 人工费单价
C. 材料费单价
D. 机械台班单价
E. 计价基数计算口径

4. 初步设计概算编制时，由于设计深度不足，(　　)以估算计入概算。

A. 桩基工程
B. 混凝土工程
C. 钢筋工程
D. 模板工程
E. 建筑幕墙工程

5. 施工合同发包人向承包人支付预付款，承包人可以将款项用于(　　)支付。

A. 承包人公司办公楼
B. 现场办公楼搭设
C. 采购周转材料
D. 分包工程
E. 施工机械租赁

6. 建设工程施工合同质量目标确定为省级优质工程，在(　　)上会比合格工程投入更多的施工成本。

A. 质量管理
B. 进度管理
C. 安全管理
D. 文明管理
E. 成本管理

7. 施工合同中要求工期缩短时间超过定额工期 30%时，(　　)会较大增加施工成本。

A. 工程材料费
B. 技术措施材料费
C. 安全措施材料费
D. 文明措施材料费
E. 临时设施材料费

8. 根据市场惯例，建设工程竣工验收时施工合同结算与支付至合同价的 80%左右，则承包人为控制财务成本，尽可能采取(　　)。

A. 将工程分包
B. 包工不包料
C. 扣留部分材料款
D. 扣留劳务分包款

E. 加快竣工结算

9. 某高层办公楼幕墙工程分包合同，(　　)应纳入总包配合费报价要素。

A. 外脚手架可利用情况　　B. 施工电源接线位置

C. 临时堆场条件　　D. 半成品加工工厂

E. 施工合同总进度计划

10. 采用固定单价的施工合同，(　　)应计入综合单价的风险中。

A. 合同工期内合同约定风险额度内工料机市场价格波动

B. 承包人合同前报价测算错误

C. 发包人违约时承包人的财务成本

D. 承包人企业管理费调价

E. 承包人为保证完成合同工期组织的赶工费用

11. 针对国标工程量清单招标形成的施工合同，当(　　)市场价格波动超过合同约定风险幅度8%时，应进行施工合同调价。

A. 工程主要材料　　B. 工程辅助材料

C. 主要周转材料　　D. 施工机械动力燃料

E. 施工机械零件材料费

12. 总价包干施工合同实施阶段有(　　)的情况时，可以进行施工合同调价。

A. 因发包人责任原因造成工期延误，延误期间发生工程材料大幅涨价

B. 因发包人责任原因造成工期延误，延误期间发生工程材料大幅跌价

C. 因承包人责任原因造成工期延误，延误期间发生工程材料大幅涨价

D. 因承包人责任原因造成工期延误，延误期间发生工程材料大幅跌价

E. 因发承包人共同责任原因造成工期延误，延误期间发生工程材料大幅涨价

13. 根据现行国标工程量计价规范量价分离原则，施工合同发生超出承包人风险责任的工程量变化时，可以对签约(　　)进行调整。

A. 计日工单价　　B. 零星材料单价

C. 零星机械台班单价　　D. 综合单价

E. 合同价

14. 针对桩基施工分包合同，(　　)联合作用后影响分包合同价格。

A. 施工场地自然地坪标高　　B. 完工后场地移交地坪标高

C. 工程基准高程　　D. 桩顶设计标高

E. 建筑物限制标高

15. 施工合同结算与支付条件中，(　　)是承包人财务成本增加因素。

A. 不设预付款

B. 合同暂定金额不纳入支付基数

C. 工程款申请审核时间比通用合同条件延长14天

D. 遇春节发包人要求承包人提前申报已完工程

E. 安全文明措施费包干

16. 施工合同竣工结算周期往往比通用合同条件确定的时间更长，(　　)是主要原因。

A. 发包人资金不到位则故意拖延时间

B. 发包人专业能力不足而需要委托第三方审核

C. 承包人获利丰厚则不急于完成竣工结算

D. 承包人专业能力不足需要等待次级合同的竣工结算生成

E. 受委托的第三方故意拖延时间

17.（　　）符合建设工程领域保证金政策导向。

A. 为降低承包人成本，允许承包人不递交投标保证金

B. 信用评价体系先进施工企业，施工合同对务工人员工资保证金给予优惠条件

C. 承包人提交履约保证金后，工程进度款中不再抵扣质量保证金

D. 为保证发包人权益，承包人应向发包人指定账户转入足额的保证金

E. 建设工程质量保修期内，承包人应向发包人提交全额质量保证金

18. 建设工程竣工验收后发包人向承包人退付施工合同履约保证金，（　　）是主要原因。

A. 承包人已经完成施工合同义务

B. 降低承包人财务成本

C. 合同后续款项足以支付承包人违约的损失

D. 发承包人工作配合良好

E. 发包人建设资金使用考核压力大

19. 建设工程在施工合同结算过程抵扣质量保证金时，（　　）可以作为抵扣基数。

A. 合同预付款　　B. 当期施工产值

C. 前期工程款修正值　　D. 当期合同价格调整

E. 当期发承包人合同价款争议额

三、判断题

1. 建设工程竣工验收后，应由承包人编制竣工结算，由发包人编制竣工决算。（　　）

2. 施工合同招标时，应由招标人确定招标控制价，由投标人确定中标价。（　　）

3. 施工合同投标价必须低于招标控制价，根据中标价形成签约合同价，则竣工结算价必须低于招标控制价。（　　）

4. 由于建设工程预算定额由政府职能部门组织编制和发布，则全社会各方在建设工程结算时应遵照执行。（　　）

5. 现行建设工程预算定额价格中人工单价明显低于市场价，说明现行建设工程预算定额达到了市场先进水平。（　　）

6. 初步设计概算根据初步设计或扩大的初步设计成果编制，因此概算中的工程量均可以按照初步设计图纸计算。（　　）

7. 某工程根据 GF-2017-0201 示范文本约定专用条款按月结算，审核时限按通用条款，6 月 26 日承包人向监理人申报进度款，则监理人应在 7 月 2 日前完成审核工作。（　　）

8. 针对大中型建设工程，发承包人间适合采用包工不包料合同，总分包人间适合采用包工包料合同。（　　）

9. 由于施工合同承包人在开工前获得预付款，处于施工准备而未形成实体工程，则

承包人不需要进行增值税销项税申报。(　　)

10. 施工合同承包人在缺陷责任期内承担保修义务，因此履约保证金应在缺陷责任期满后退付。(　　)

11. 由于承包人采购工程材料时会发生较大的财务成本，因此承包人应尽可能选择甲供材料权重大的施工合同。(　　)

12. 承包人为减少工程材料现场物流损耗，必须采取有效的保管措施，当工程材料涨价后，保管费用会增加。(　　)

13. 由于建设工程很多措施费与时间成正比，因此工期越短施工成本越低。(　　)

14. 建设工程施工合同发包人指定分包属于肢解发包行为，承包人应予拒绝。(　　)

15. 由于塔式起重机购买价格较高，汽车起重机购买价格较低，因此新建办公楼工程的施工吊装机械应尽可能选用汽车起重机。(　　)

16. 建筑物内载人电梯属于特种设备，运行期必须进行维保工作，则竣工验收后的维护保养工作应由承包人免费承担。(　　)

17. 施工合同签约工期发生延误，则应扣减承包人的全额履约保证金。(　　)

18. 建设工程竣工验收后发承包人应进行竣工结算，根据竣工结算发包人向承包人提交质量保证金银行保函，确保承包人能上门维修。(　　)

四、案例题

某市政道路工程项目于2018年6月20日开标，中标价为2764.27万元，其中人工费为187.34万元，工期为300天，签约合同约定人工费在合同工期均价针对基期价格上涨超5%时允许超过部分调价，价格依据官方公布的价格指数。工程于2018年7月21日开工，如期竣工。该市建设工程造价管理部门发布的人工造价指数见表3-1，试进行该合同人工费调价。

人工造价指数表　　**表3-1**

日期	2018年1月	2018年2月	2018年3月	2018年4月	2018年5月	2018年6月
人工造价指数	120.1%	120.8%	121.4%	122.7%	122.8%	122.9%
日期	2018年7月	2018年8月	2018年9月	2018年10月	2018年11月	2018年12月
人工造价指数	124.8%	128.5%	129.7%	130.5%	130. 5%	132.1%
日期	2019年1月	2019年2月	2019年3月	2019年4月	2019年5月	2019年6月
人工造价指数	133.2%	133.2%	134.8%	135.2%	136.9%	137.1%
日期	2019年7月	2019年8月	2019年9月	2019年10月	2019年11月	2019年12月
人工造价指数	137.1%	138.3%	138.5%	138.6%	139.1%	139.1%

码3-5 模块3练习题参考答案

模块4　施工合同财务结算与支付

4.1　流　　程

4.1.1　“有源之水”

建设工程施工需要整合人、机、料、法、环、测等大量社会资源，犹如进行一场“会战”，兵马未动、粮草先行，落实建设资金是前置条件。由于建设工程具有按订单加工、投资额度大、施工周期长的特点，不仅需要在开工前准备必要的施工要素，而且必须保证开工后有足够数量的社会资源接续，让加工生产线持续运转要靠召之即来的足量的社会资源，足量的社会资源要靠足量的建设资金采购，即实现建设目标应是“有源之水”，否则会是“巧妇难为无米之炊”。

4.1.2　合同履约风险应对

合同风险有广义和狭义之分。广义的风险是指各种非正常的损失，它既包括可归责于合同一方或双方当事人的事由所导致的损失，又包括不可归责于合同双方当事人的事由所导致的损失；狭义的风险仅指因不可归责于合同双方当事人的事由所带来的非正常损失。同时，由于建设工程工期长、价值大，是难以一次性给付的交易，必须分期结算与支付。针对建设工程合同经济往来，合同风险中最大的因素是履约风险，即发包人主要担心付了钱之后，承包人不干了；承包人主要担心干了活以后，发包人不给钱。因此，有必要建立严密的合同结算与支付体系控制双方的风险。

4.1.3　结算与支付实质

施工合同分期结算与支付是发承包人围绕经济活动的正常履约行为。施工合同结算是发承包人根据合同约定对承包人已完成的施工内容进行合同价款了结计算；施工合同支付是发包人根据施工合同结算成果向承包人支付合同价款。分期结算与支付，既降低发包人的履约风险，也保证了承包人能有持续的现金流支撑采购施工所需的社会资源，立足建筑市场视角，有如下本质。

（1）结算：合同发承包方共同核定可支付资金额度。

（2）支付：发包人向承包人的账户进行资金转移。

4.1.4　常见工程结算和支付基本流程

工程施工合同结算与支付流程见图4-1。

（1）质量确认。只有满足合同质量要求的施工成果才能准予结算，施工成果主要包括已完成的工程和进场的材料，对其进行质量确认是流程的基础工作。

（2）承包人申报。承包人为获得合同价款，及时向发包人提出申报是流程的内在逻辑，申报依据不能脱离合同约定和实际情况，申报文件应符合官方格式要求。

（3）总监理工程师签发《工程款支付证书》。承包人申报内容一般由监理单位审核把关，必要时会让其他咨询第三方介入，审核通过后由总监理工程师签发《工程款支付证书》是关键工作，作为合同履行阶段的重要法律文件。

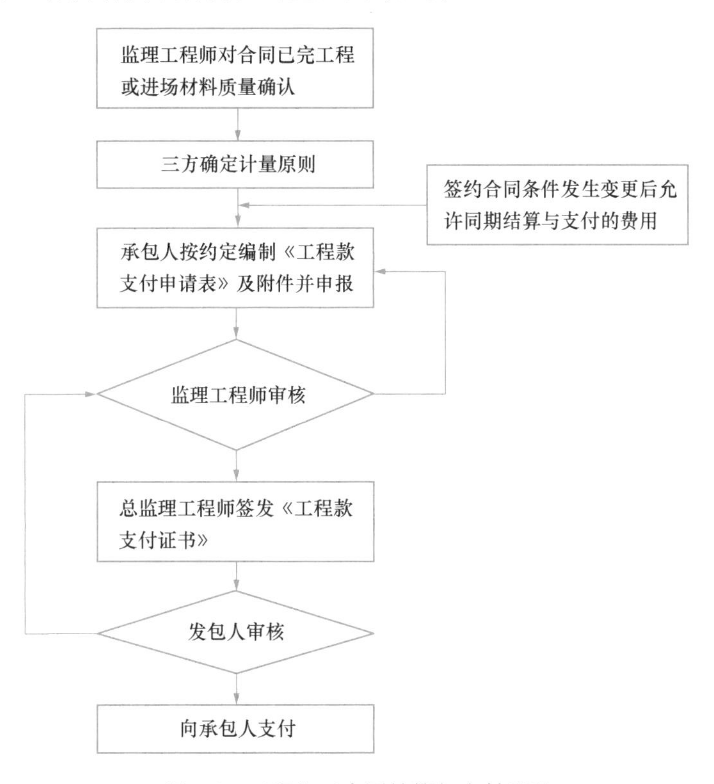

图 4-1　工程施工合同结算与支付流程

4.1.5　常用表式

（1）表 4-1 为浙建监 B11，即工程款支付报审表。

工程款支付报审表　　　　**表 4-1**

工程名称：　　　　　　　　　　编号：

致（项目监理机构）： 我方已完成________________工作，按施工合同约定，建设单位应在____年__月__日前支付该项工程款共（大写）________（小写：______），现将有关资料报上，请予以审核。 附件： □已完工程量报表 □工程竣工结算证明材料 □相应的支持性证明文件 施工项目部（盖章） 项目经理（签字） 年　月　日
审查意见： 专业监理工程师（签字） 年　月　日

续表

审核意见： 项目监理机构（盖章） 总监理工程师（签字） 年 月 日
审批意见： 建设单位（盖章） 建设单位代表（签字） 年 月 日

注：本表一式三份，项目监理机构、建设单位、施工单位各一份。工程竣工结算报审时本表一式四份，项目监理机构、建设单位各一份，施工单位二份。

（2）表 4-2 为浙建监 A8，即工程款支付证书。

工程款支付证书 **表 4-2**

工程名称： 编号：

致（建设单位）： 根据施工合同约定，经审核编号为________的工程款支付报审表，扣除有关款项后，同意支付工程款共计（大写）________________________________（小写：______________）。 其中： 1. 施工单位申报款为： 2. 经审核施工单位应得款为： 3. 本期应扣款为： 4. 本期应付款为： 附件：工程款支付报审表及附件 项目监理机构（盖章） 总监理工程师（签字） 年 月 日

注：本表一式三份，项目监理机构、建设单位、施工单位各一份。

4.2 合同预付款

4.2.1 概念

合同预付款是承包人在履行合同主要义务前获得的款项。施工企业承包工程，一般实行包工包料，既要准备现场设施布置，也要准备工料机进场，由建设单位在开工前拨给施工企业一定数额的预付款，构成施工企业为该承包工程前期投入、储备和准备主要工料机所需的流动资金。预付款相当于建设单位给施工企业的无息贷款，或者说施工企业从建设单位取得的工程预付款属于企业筹资中的商业信用筹资。

4.2.2 示范合同约定

GF-2017-0201 示范文本的通用条件 12.1.1 预付款的支付为：

"预付款的支付按照专用合同条款约定执行，但至迟应在开工通知载明的开工日期 7 天前支付。预付款应当用于材料、工程设备、施工设备的采购及修建临时工程、组织施工队伍进场等。除专用合同条款另有约定外，预付款在进度付款中同比例扣回。"

4.2.3 政策规定

《建设工程价款结算暂行办法》（财建〔2004〕369 号）中有如下规定：

"第十二条　工程预付款结算应符合下列规定：

（一）包工包料工程的预付款按合同约定拨付，原则上预付比例不低于合同金额的 10%，不高于合同金额的 30%，对重大工程项目，按年度工程计划逐年预付。计价执行现行《建设工程工程量清单计价规范》GB 50500 的工程，实体性消耗和非实体性消耗部分应在合同中分别约定预付款比例。

（二）在具备施工条件的前提下，发包人应在双方签订合同后的一个月内或不迟于约定的开工日期前的 7 天内预付工程款，发包人不按约定预付，承包人应在预付时间到期后 10 天内向发包人发出要求预付的通知，发包人收到通知后仍不按要求预付，承包人可在发出通知 14 天后停止施工，发包人应从约定应付之日起向承包人支付应付款的利息（利率按同期银行贷款利率计），并承担违约责任。

（三）预付的工程款必须在合同中约定抵扣方式，并在工程进度款中进行抵扣。

（四）凡是没有签订合同或不具备施工条件的工程，发包人不得预付工程款，不得以预付款为名转移资金。"

4.2.4 合同实例

某合同的预付款的支付为：

"预付款支付比例或金额：合同价款总额的 15%。

预付款支付期限：承包人递交履约保证金、合同签订生效后，承包人施工队伍主要管理人员进场后 10 天内。

预付款扣回的方式：当工程进度款累计金额超过合同价格的 15%时开始起扣，从工程款中按比例逐月扣回，在支付最后一次工程款时全部扣完。"

4.2.5 预付款抵扣例题

（一）背景情况

某房建工程施工合同签约合同价 1760 万元，合同约定预付款为签约合同价的 15%，在工程进度款超过15%开始按比例抵扣，在最后一次工程进度款时完成抵扣；进度款按基础工程完成付20%，主体工程完成付30%，通风空调设备完成付10%，装饰工程完成付10%，工程初验完成付至80%；竣工履约完成付至竣工结算价95%，余款5%作为保修金。基础工程完成后可以获得的工程进度款为（B）万元。

A. 352　　B. 331.69

C. 308.85　　D. 286

（二）题解及分析

计算方法一：

（1）预付款1760×15%=264万元；

（2）因工程进度款支付超过15%时开始抵扣，最后一次工程款付至80%时完成抵扣；

（3）则超过15%的进度款后的预付款抵扣比例为1/(80%−15%)=1/0.65；

（4）基础工程完成时应付进度款额

1760×20%−264×(20%−15%)×1/0.65=352−20.31=331.69万元

计算方法二：

（1）因工程进度款支付超过15%时开始抵扣，最后一次工程款付至80%时完成抵扣；

（2）超过15%的进度款折扣率为1−15%/(80%−15%)=50/65=10/13；

（3）基础工程完成时应付进度款额

1760×[15%+(20%−15%)×10/13]=264+67.69=331.69万元

拓展思考：结顶后进度款的计算

计算方法一：

1760×50%−264×(50%−15%)×1/0.65−331.69=406.16万元

计算方法二：

1760×[15%+(50%−15%)×10/13]−331.69=406.16万元

4.2.6　支付常见附加条件

发包人为降低自身合同风险，在支付施工合同预付款时会要求承包人完成必要的工作，以下内容常作为前置条件：

（1）完成临时设施搭设；

（2）大型施工机械设备进场；

（3）主要施工管理人员已备案；

（4）提供预付款支付担保。

4.3　工　程　计　量

4.3.1　概念

发承包双方根据合同约定，对承包人完成合同工程的数量进行计算和确认。施工合同履约过程工程造价的确定，应该以该工程所要完成的工程实体数量为依据，对工程实体的数量做出正确的量测计算，并以一定的计量单位表述，这就需要进行工程计量，即已完工程量的量测计算，以此作为确定过程工程造价的基础。

工程量是以物理计量单位或自然计量单位表示的各个分项工程和结构构件的数量。物理计量单位一般是指以公制度量衡表示的长度、面积、体积和重量等。如楼梯扶手以“米”为计量单位；墙面抹灰以“平方米”为计量单位；混凝土以“立方米”为计量单位；钢筋的加工、绑扎和安装以“吨”为计量单位等。自然计量单位主要是指以物体自身为计量单位来表示工程量。如砖砌污水井以“座”为计量单位；设备安装工程以“台”“套”“组”“个”“件”等为计量单位。

4.3.2 合同约定

GF-2017-0201示范文本的通用条件中有如下规定：

“12.3.1 计量原则

工程量计量按照合同约定的工程量计算规则、图纸及变更指示等进行计量。工程量计算规则应以相关的国家标准、行业标准等为依据，由合同当事人在专用合同条款中约定。

12.3.2 计量周期

除专用合同条款另有约定外，工程量的计量按月进行。”

4.3.3 标准规定

《建设工程工程量清单计价标准》GB/T 50500—2024第7章有中如下规定：

“7.1.1 合同工程应以承包人按合同要求已完成且应予计量的工程进行计量。工程数量应按发承包双方约定的相关工程国家及行业工程量计算标准及补充的工程量计算规则计算。

7.1.2 发承包双方应在合同约定的时间节点、工程形象目标节点或工程进度节点，按本标准第7.2节～第7.7节的规定进行工程计量。进度款计量可按照本标准第9.4节的规定执行。

7.1.3 合同约定执行物价变化价格调整的分部分项工程项目清单，应按约定的调价周期相对应的已完成工程进行分段计量。

7.1.4 略。

7.1.5 承包人应以书面形式提交相关工程的计量成果给发包人核对，发包人收到承包人的计量成果后应在约定时间内将核对内容以书面形式通知承包人。发包人未在约定时间内提供核对结果的，可视为承包人提交的计量成果已获得发包人认可，除合同另有约定外，承包人提交的该计量成果可作为工程价款计算依据，但不应作为相关工程已合格交付的依据。”

《建设工程工程量清单计价规范》GB 50500—2013第8章中有如下规定：

“8.1.1 工程量必须按照相关工程现行国家计量规范规定的工程量计算规则计算。

8.1.2 工程计量可选择按月或按形象进度分段计量，具体计量周期应在合同中约定。

8.1.3 因承包人原因造成的超出合同工程范围施工或返工的工程量，发包人不予计量。

8.2.1 工程量必须以承包人完成合同工程应予计量的工程量确定。”

4.3.4 重点提醒

（1）合同范围。只有施工合同承包范围中发生的符合计量规则的已完工程量才可以计量，一般对合同范围的分部分项工程量清单、施工技术措施项目清单、其他项目清单中的采用综合单价的工程量进行计量，针对非综合单价的工程量不予计量。

（2）合同约定节点。施工合同计量周期由合同专用条款约定，考虑农民工工资支付一般按月计量，针对固定单价合同，承包人应于每月25日向监理人报送上月20日至当月19日已完成的工程量报告，并附具进度付款申请单、已完成工程量报表和有关资料。

（3）过程合格品。准予计量的已完工程量应符合合同约定质量要求，由于工程质量必须进行多轮多专项的系统验收，绝大部分已完工程量在计量时不能满足工程最终质量确认，实操中由监理人根据质量控制流程判断已完工程是否满足过程合格品要求。

4.3.5 工程形象进度及常用表示方式

（1）实体影像。某房建工程的进度图片如图 4-2 所示，工程处于基坑内施工阶段，北侧正进行内支撑下地下室楼板模板安装，南侧正进行地下室底板钢筋安装。

图 4-2 某房建工程进度图片

（2）横道图。如图 4-3 所示，工程进度检查时点是开工后 2 月末，其中土方工程按计划开工，进度有所滞后；基础工程虽提前动工，但也有滞后；主体工程按计划动工，有超

序号	工程名称	工时数	施工进度								
			1月	2月	3月	4月	5月	6月	7月	8月	9月
1	土方工程	1470			70%						
2	基础工程	7730			28%						
3	主体工程	7330				20%					
4	PC工程	3770									
5	围挡工程	2640									
6	PS工程	4250			10%						
7	防火工程	3220			8%						
8	机电安装	3470									
9	屋面工程	3150									
10	装饰工程	8470									
	总计	45500									
	计划进度		实际完成11.74%								
	实际进度		检查时间为2月末								

图 4-3 某房建工程横道图进度对比图

前；PS工程、防火工程按计划动工，刚完成计划；整体进度有所滞后。

（3）BIM。某超高层建筑BIM模式进度图见图4-4，第一个模型工程处于地下室结构施工阶段；第二个模型工程处于裙楼结构施工阶段；第三个模型工程处于主楼结构施工阶段；第四个模型显示主楼结构已结顶，正处于外立面施工阶段。

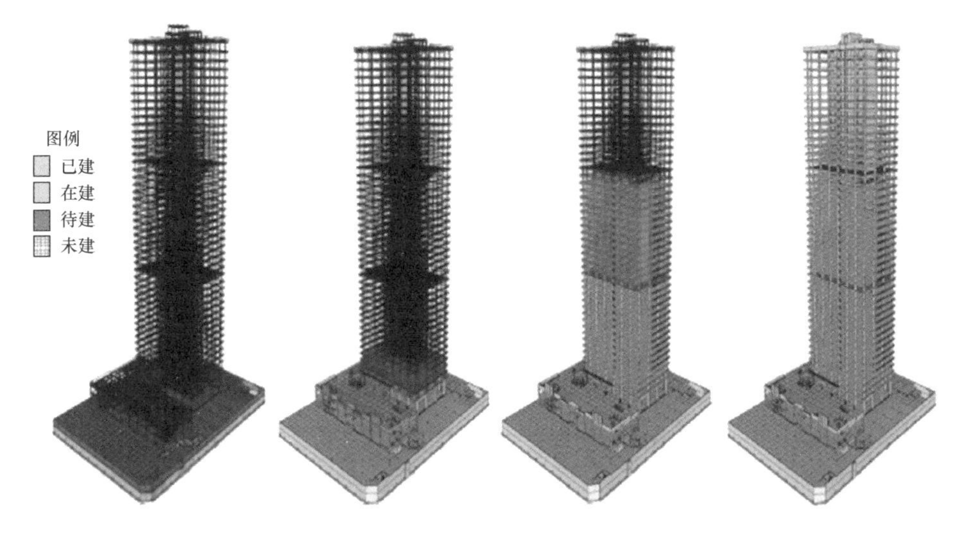

图4-4 某超高层建筑BIM模式进度图

4.3.6 计量案例

（1）背景情况

某政府投资建设的地级市职工文化中心，总建筑面积14.37万m²，其中地下2层5.38万m²，地上9.06万m²，由文体中心、服务配套楼、维权教育楼组成（图4-5），施工总包通过公开招标发包，签约合同价356795355元，10%的工程预付款，形象进度±0.000m后按已完工程的80%支付进度款和抵扣预付款。试理解该工程进度款计量及审核的主要工作内容。

（2）提示

从形象进度、已完工程量清单、费用计算、申报审核、审批流程等方面理解。

图4-5 某地级市职工文化中心

4.4 进度款支付

4.4.1 概念和内涵

(1) 概念。按施工合同约定审核确认承包人的进度款支付申请后，在规定时间内由发包人向承包人支付。付款周期应与计量周期相同，则支付申请与计量成果应同时提交。

(2) 审核精度。由于施工合同按比例支付和有合同担保，因此监理人、第三方中介、发包人对进度款审核时允许存在一定的偏差，这有利于提高工作效率。

(3) 同步支付。合同变更、预付款抵扣、甲供材料设备款抵扣、质量保证金扣减、索赔、前期错误修正、奖励、违约赔偿等。

(4) 起付点。为提高施工合同进度款结算与支付工作的有效性，合同条件中会约定进度款最低支付额度，不足支付额度时并入下一期进度款。

(5) 止付点。发包人为控制合同支付风险，合同条件中会约定进度款最高支付额度，之后款项纳入竣工结算。此类情况在施工合同发生价款减少时很值得关注。

(6) 支付与工程质量的关系。虽然监理人、第三方中介、发包人同意支付进度款，但并未意味着完全认可了承包人的施工质量，只是认可了过程合格，最终质量结论以竣工验收为准。

(7) 支付操作。通常由发承包人的财务人员完成支付，其中承包人应开具增值税发票递交发包人，发包人按施工合同约定分别支付至指定账户和农民工工资专用账户，其中后者应根据发包人、承包人、银行的三方协议及政府规定分账比例操作。

4.4.2 合同约定

GF-2017-0201 示范文本的通用条件中有如下规定：

“12.4.1 付款周期

除专用合同条款另有约定外，付款周期应按照第 12.3.2 项〔计量周期〕的约定与计量周期保持一致。

12.4.2 进度付款申请单的编制

除专用合同条款另有约定外，进度付款申请单应包括下列内容：

(1) 截至本次付款周期已完成工作对应的金额；

(2) 根据第 10 条〔变更〕应增加和扣减的变更金额；

(3) 根据第 12.2 款〔预付款〕约定应支付的预付款和扣减的返还预付款；

(4) 根据第 15.3 款〔质量保证金〕约定应扣减的质量保证金；

(5) 根据第 19 条〔索赔〕应增加和扣减的索赔金额；

(6) 对已签发的进度款支付证书中出现错误的修正，应在本次进度付款中支付或扣除的金额；

(7) 根据合同约定应增加和扣减的其他金额。

12.4.4 进度款审核和支付

(1) 除专用合同条款另有约定外，监理人应在收到承包人进度付款申请单以及相关资料后 7 天内完成审查并报送发包人，发包人应在收到后 7 天内完成审批并签发进度款支付证书。发包人逾期未完成审批且未提出异议的，视为已签发进度款支付证书。

发包人和监理人对承包人的进度付款申请单有异议的，有权要求承包人修正和提供补充资料，承包人应提交修正后的进度付款申请单。监理人应在收到承包人修正后的进度付款申请单及相关资料后7天内完成审查并报送发包人，发包人应在收到监理人报送的进度付款申请单及相关资料后7天内，向承包人签发无异议部分的临时进度款支付证书。存在争议的部分，按照第20条〔争议解决〕的约定处理。

（2）除专用合同条款另有约定外，发包人应在进度款支付证书或临时进度款支付证书签发后14天内完成支付，发包人逾期支付进度款的，应按照中国人民银行发布的同期同类贷款基准利率支付违约金。

（3）发包人签发进度款支付证书或临时进度款支付证书，不表明发包人已同意、批准或接受了承包人完成的相应部分的工作。”

4.4.3 财政支付实例

某政府投资工程施工合同约定如下：

“1. 按月度支付：

（1）合同价款内的工程款支付：工程进度款按每月进度报表由监理、发包人及跟踪审计单位审定后支付，工程进度款支付额度为合同价款内当月已核工程量的85%；累计支付至合同价款的85%（含预付款）时停止支付；工程整体竣工验收合格、承包人向发包人移交全部工程及全部施工资料后支付至合同价款的90%（含预付款）；承包人提交完整的结算报告和结算资料并经工程审价完成后，发包人付至审价部门确定的审定价的100%，但在发包人付款前承包人应另行向发包人提供审定价5%的工程质量保证金（采用银行支票、银行转账形式）。

（2）合同价款外的工程款支付：合同履约过程中产生的变更联系单（单项变更内容）金额在20万元及以上的，发包人在该联系单签证完成后的下一个工程进度款支付节点支付联系单签证金额的50%进度款，余款在工程结算审计完成后按合同约定支付比例一并支付；金额不足20万元的，均在工程结算审计完成后按合同约定支付比例一并支付。

（3）承包人应确保民工工资及时支付，如不及时支付，视作违约，承包人应按合同价款的2%向发包人支付违约金且由此造成的后果与损失应由承包人承担。同时，发包人有权在工程款中扣除相应费用代为支付务工人员工资。

（4）工程实施期间，承包人必须确保本工程项目进度款专款专用，发包人（或发包人委托的中介机构）随时有权到承包人处核查工程进度款使用情况，承包人须全力配合不得以任何理由拒绝。

（5）根据《关于全面推开营业税改征增值税试点的通知》（财税〔2016〕36号）文件及浙江省有关“营改增”的相关文件要求，本工程支付工程款时必须提供增值税专用发票。

2. 上述工程款支付之前，承包人应向发包人提交经监理单位审核确认的工程款支付申请及同等金额的增值税专用发票，承包人未按要求提交发票的，发包人有权拒绝付款。”

4.5 资金计划和税务计划

码4-1 资金使用计划编制流程

4.5.1 资金使用计划编制流程

针对每个合同包编制资金使用计划，与合同包的结算与支付联动，是合同当事人考虑合同价格的基础条件，因签约合同价应覆盖支付额度和支付时点造成的财务成本，其中支付额度可采用合同计价项目汇总价，进度计划步距多为合同支付时点或月度。资金使用计划编制流程见图 4-6，资金使用计划包括合同前的资金安排表和合同后的支付计划表，合同前的目标成本取招标控制价，合同后的目标成本取签约合同价加预备费，一般由工程管理人员、成本管理人员、财务管理人员编制。

图 4-6　资金使用计划编制流程

4.5.2　资金使用计划动态调整

合同履行时会发生合同条件变更及纠偏，引起目标成本、进度计划、合同支付条件调整，现实中必须动态调整施工合同资金使用计划，调整周期多为旬或周，一般不超过一个月。

(1) 目标成本调整。如发包人、承包人、第三方中介工作缺陷和失误造成的施工合同变更，会发生同步结算价款，从而使签约合同价发生变化。

(2) 进度计划调整。如施工合同实施过程发生不利物质条件或不可抗力，会使施工合同工期发生延误，从而必须调整进度计划。

(3) 合同支付条件调整。因进度计划发生变化，一些按工程进度节点支付合同价款的情形也会发生变化。

4.5.3　税务计划

针对承包人，获取总包合同工程款项形成收入，用于支付劳务分包合同、施工机械周转材料租赁合同、材料设备采购合同的款项形成支出，分别发生施工合同增值税的销项税和进项税，税额抵扣操作直接影响承包人的收益。2017 年以前，增值税专用发票应在开具之日起 360 日内到税务机关办理认证，并在认证通过的次月申报期内，向主管税务机关申报抵扣进项税额；2017 年 1 月 1 日以后，抵扣进项税额可以不受税务申报时间限制，但因对企业现金流量有影响而发生财务费用，同时纳税报表深受税务部门关注，由此派生出企业资金流收支款项的税务计划，具体工作是收付发票管理和收付款项的事先规划。

为使增值税抵扣额度不被浪费和资金收支基本均衡，财务处理存在分级平衡：按建设工程项目平衡、按施工企业平衡。虽然税务管理对施工合同资金使用计划或施工企业资金使用计划有一定的指导作用，但是现实操作中施工成本管理属于更优先的等级，因为资金的时间价值会形成额外财务成本，如材料设备采购合同延后支付时会发生借贷利息成本，因此税务管理应主动与施工成本管理协调平衡。

4.5.4 资金使用计划例题

(1) 背景情况

码4-2 安全文明施工费结算

① 某箱涵工程（图 4-7）施工合同通过公开招标发包，采用国标工程量清单单价合同，签约合同价为 2845.89 万元，其中暂列金额 70 万元，安全文明施工费 47.36 万元，承包人履约担保和发包人支付担保均采用银行保函。

② 合同工期 6 个月，针对签约合同价（扣除暂列金额）每月计划完成工程量占比见表 4-3。

计划完成工程量占比表 **表 4-3**

月份	1	2	3	4	5	6
计划完成工程量	15%	6%	24%	26%	18%	11%

③ 预付款为签约合同价的 10%，工程款支付逾 50%后分两次等额抵扣。

④ 安全文明施工费开工前支付 60%，余款和其他总价项目按已完工程量比例分摊，与进度款同比例支付。

⑤ 按月结算，支付比例为已完工程的 80%，起付限额为 200 万，不足额时转入下期支付，交工验收后付至已完工程的 90%。

⑥ 竣工验收后两个月内完成竣工结算审核和支付，保修金按竣工结算价的 5%扣留。

试根据已知条件，不考虑暂列金额使用，编制竣工结算前的资金使用计划。

图 4-7 某箱涵工程

(2) 题解及分析

0 月

预付款 2845.89×10%＋安全文明施工费 47.36×60%＝284.589＋28.416＝313.0050 万元

1 月

计划完成工程量的进度款(2845.89－70－28.416)×15%＝412.1211 万元

本期支付值 412.1211×80%＝329.6969 万元，因大于起付额，可以支付

2 月

计划完成工程量(2845.89－70－28.416)×6%＝164.84844 万元

本期支付值 164.84844×80%＝131.8788 万元，因小于起付额，并入下期支付

3 月

计划完成工程量(2845.89－70－28.416)×24%＝659.3938 万元

本期支付值 659.3938×80%＋上期支付值 131.8788＝659.3938 万元，因大于起付额，可以支付

4 月

计划完成工程量(2845.89－70－28.416)×26%＝714.3432 万元

因工程款累计支付已大于 50%，则开始抵扣预付款

本期支付值 714.3432×80%－抵扣预付款 284.589×50%＝429.1801 万元，因大于起付额，可以支付

5 月

计划完成工程量(2845.89－70－28.416)×18%＝494.5453 万元

本期支付值 494.5453×80%－抵扣预付款 284.589×50%＝253.3418 万元，因大于起付额，可以支付

6 月

计划完成工程量(2845.89－70－28.416)×11%＝302.2221 万元

本期支付值 302.2221×80%＝241.7777 万元

交工验收支付

(2845.89－70)×90%－(313.0050＋329.6969＋659.3938＋429.1801＋253.3418＋241.7777)＝2498.301－2226.3953＝271.9057 万元

本期支付值 241.7777＋交工验收支付 271.9057＝513.6834 万元，因大于起付额，可以支付。则本施工合同竣工结算前的资金使用计划表见表 4-4。

竣工结算前的资金使用计划表 **表 4-4**

单位：万元

月份	0	1	2	3	4	5	6
1. 预付款	284.5890						
2. 安全文明施工费（开工前支付）	28.4160						
3. 进度款							
3.1 扣除 2. 安全文明施工费后计划完成工程量的进度款		412.1211	164.8484	659.3938	714.3432	494.5453	302.2221
3.2 计算支付额		329.6969	131.8788	527.5150	571.4746	395.6362	241.7777
4. 预付款抵扣					－142.2945	－142.2945	
5. 交工验收支付							271.9057
6. 支付判断		当期支付	并入下期支付	当期支付	当期支付	当期支付	当期支付
7. 当期支付小计	313.0050	329.6969	0	659.3938	429.1801	253.3418	513.6834
8. 支付累计	313.0050	642.7019	642.7019	1302.0957	1731.2758	1984.6176	2498.3010

4.6　质量保证金

4.6.1　概念和内涵

（1）概念。质量保证金指发包人与承包人在建设工程承包合同中约定，从应付的工程款中预留，用以保证承包人在缺陷责任期内对建设工程出现的缺陷进行维修的资金。或者可以理解为按照施工合同约定承包人用于保证其在缺陷责任期内履行质量缺陷修补义务的担保。

（2）缺陷责任期。缺陷是指建设工程质量不符合工程建设强制性标准、设计文件，以及承包合同的约定。缺陷责任期一般为1年，最长不超过2年，由发包、承包双方在合同中约定。

码4-3 缺陷责任期

（3）缺陷责任期责任。缺陷责任期内，承包人应认真履行合同约定的维修责任并承担法律责任。由承包人原因造成的缺陷，承包人应负责维修，并承担鉴定及维修费用。由他人原因造成的缺陷，发包人负责组织维修，承包人不承担费用，且发包人不得从保证金中扣除费用。

（4）工程保修期。工程保修期指《建设工程质量管理条例》或施工合同约定的工程质量保修期，一般比缺陷责任期更长，承包人在保修期内依法承担质量责任。

4.6.2　合同约定

GF-2017-0201示范文本的通用条件中有如下规定：

“15. 缺陷责任与保修

15.1　工程保修的原则

在工程移交发包人后，因承包人原因产生的质量缺陷，承包人应承担质量缺陷责任和保修义务。缺陷责任期届满，承包人仍应按合同约定的工程各部位保修年限承担保修义务。

15.2　缺陷责任期

15.2.1　缺陷责任期自实际竣工日期起计算，合同当事人应在专用合同条款约定缺陷责任期的具体期限，但该期限最长不超过24个月。

15.3　质量保证金

经合同当事人协商一致扣留质量保证金的，应在专用合同条款中予以明确。

15.3.1　承包人提供质量保证金的方式

承包人提供质量保证金有以下三种方式：

（1）质量保证金保函；

（2）相应比例的工程款；

（3）双方约定的其他方式。

除专用合同条款另有约定外，质量保证金原则上采用上述第（1）种方式。

15.3.2　质量保证金的扣留

质量保证金的扣留有以下三种方式：

（1）在支付工程进度款时逐次扣留，在此情形下，质量保证金的计算基数不包括预付款的支付、扣回以及价格调整的金额；

（2）工程竣工结算时一次性扣留质量保证金；

（3）双方约定的其他扣留方式。

除专用合同条款另有约定外，质量保证金的扣留原则上采用上述第（1）种方式。

发包人累计扣留的质量保证金不得超过结算合同价格的5%，如承包人在发包人签发竣工付款证书后28天内提交质量保证金保函，发包人应同时退还扣留的作为质量保证金的工程价款。

15.3.3 质量保证金的退还

发包人应按14.4款〔最终结清〕的约定退还质量保证金。

15.4 保修

15.4.1 保修责任

工程保修期从工程竣工验收合格之日起算，具体分部分项工程的保修期由合同当事人在专用合同条款中约定，但不得低于法定最低保修年限。在工程保修期内，承包人应当根据有关法律规定以及合同约定承担保修责任。

发包人未经竣工验收擅自使用工程的，保修期自转移占有之日起算。

15.4.2 修复费用

保修期内，修复的费用按照以下约定处理：

（1）保修期内，因承包人原因造成工程的缺陷、损坏，承包人应负责修复，并承担修复的费用以及因工程的缺陷、损坏造成的人身伤害和财产损失；

（2）保修期内，因发包人使用不当造成工程的缺陷、损坏，可以委托承包人修复，但发包人应承担修复的费用，并支付承包人合理利润；

（3）因其他原因造成工程的缺陷、损坏，可以委托承包人修复，发包人应承担修复的费用，并支付承包人合理的利润，因工程的缺陷、损坏造成的人身伤害和财产损失由责任方承担。”

4.6.3 法规政策约束

（1）《建设工程质量管理条例》

建设工程承包单位在向建设单位提交工程竣工验收报告时，应当向建设单位出具质量保修书。质量保修书中应当明确建设工程的保修范围、保修期限和保修责任等。

（2）《建设工程质量保证金管理办法》（建质〔2017〕138号）

自2017年7月1日起，发包人应当在招标文件中明确保证金预留、返还等内容，并与承包人在合同条款中对涉及保证金的事项进行约定。发包人应按照合同约定方式预留保证金，保证金总预留比例不得高于工程价款结算总额的3%。合同约定由承包人以银行保函替代预留保证金的，保函金额不得高于工程价款结算总额的3%。

（3）《关于在全省工程建设领域改革保证金制度的通知》（浙建〔2020〕7号）

2020年6月30日后招标的政府投资项目，工程质量保证金的预留比例不得超过工程价款结算总额的1.5%。

4.6.4 区域市场常用方案

（1）重要内容保修期五年内分期退付。

（2）竣工验收后一次性买断重要内容保修。

（3）竣工验收一年后买断重要内容保修。

练 习 题

一、单项选择题

1. 按照GF-2017-0201示范文本，合同工程款支付流程中无关的质量主体是(　　)。

A. 发包人　　B. 勘察设计人

C. 监理人　　D. 承包人

2. 建设工程施工合同工程款支付证书应由(　　)签发。

A. 发包人项目经理　　B. 承包人项目经理

C. 总监理工程师　　D. 跟踪审计项目经理

3. 施工合同工程进度款是承包人(　　)。

A. 当期已完施工产值

B. 当期已完施工产值乘以支付比例

C. 当期已完施工产值减去相应预付款抵扣额

D. 当期按合同计算可获得的款项

4. 某房建工程施工合同签约合同价1760万元，合同约定按签约合同价的15%支付预付款，在工程进度款超过15%开始按比例抵扣，在最后一次工程进度款时完成抵扣；进度款按基础工程完成付20%，主体工程完成付30%，通风空调设备完成付10%，装饰工程完成付10%，工程初验完成付至80%；竣工履约完成付至竣工结算价95%，余款5%作为保修金。则主体工程完成后可以获得的当期工程进度款为(　　)万元。

A. 880　　B. 737.85

C. 1001.85　　D. 406.16

5. 某房建工程施工合同签约合同价1760万元，合同约定按签约合同价的15%支付预付款，在工程进度款超过15%开始按比例抵扣，在最后一次工程进度款时完成抵扣；进度款按基础工程完成付20%，主体工程完成付30%，通风空调设备完成付10%，装饰工程完成付10%，工程初验完成付至80%；竣工履约完成付至竣工结算价95%，余款5%作为保修金。其中通风空调设备与装饰工程同时完成，则本合同预付款分(　　)抵扣完成。

A. 6次　　B. 5次

C. 4次　　D. 3次

6. 某房建工程施工合同签约合同价1760万元，合同约定按签约合同价的15%支付预付款，在工程进度款超过15%开始按比例抵扣，在最后一次工程进度款时完成抵扣；进度款按基础工程完成付20%，主体工程完成付30%，通风空调设备完成付10%，装饰工程完成付10%，工程初验完成付至80%；竣工履约完成付至竣工结算价95%，余款5%作为保修金。则本合同进度款止付点是(　　)。

A. 100%　　B. 95%

C. 80%　　D. 70%

7. 某企业写字楼工程，框架结构，钻孔灌注桩，地下1层，地上5层，建筑面积8676m^2，施工合同约定按月同步结算与支付，第6个月对地下室结构施工钢筋计量时，核定已完工程钢筋用量见表4-5，则本期工程款钢筋用量为(　　)。

核定已完工程钢筋用量表　　表4-5

签约清单工程量完成量	对应清单错误修正量	承包人做错返工报废量	图纸会审增加量	施工办公区临时花坛用量	设计变更返工报废量	设计变更增加量
118.43t	−3.75t	0.48t	4.19t	0.27t	0.35t	0.17t

A. 120.14t　　B. 119.87t

C. 119.39t　　D. 118.43t

8. 根据施工合同和市场惯例，监理人应对(　　)进行计量工作。

A. 承包人购入现场的原材料钢筋　　B. 承包人已制作的工程用钢筋

C. 承包人已安装的工程用钢筋　　D. 承包人已通过隐蔽工程报验的钢筋

9. 施工合同结算与支付前必须完成计量工作，为保证计量工作质量，监理人应按工程形象进度的(　　)进行计量工作。

A. 估算精度要求　　B. 概算精度要求

C. 预算精度要求　　D. 竣工结算精度要求

10. 设计变更同步结算时采用比正常进度款低的比例支付，(　　)是主要原因。

A. 降低承包人资金压力　　B. 降低发包人合同风险

C. 照顾承包人心理情绪　　D. 提高发包人资金使用效率

11. 某市政道路工程包工包料发包，合同工期390天，签约合同价7832.54万元，其中安全文明施工费178.82万元，合同约定开工前7天支付签约合同价的10%作为预付款；安全文明施工费开工前7天支付50%，其他安全文明施工费按其他已完产值分摊纳入后续款项支付；进度款按当期施工产值的70%支付；竣工验收后付至签约合同价的90%；竣工结算审定后及承包人提交3%的质量保证金后支付余款。则承包人可申请的首期款项是(　　)。

A. 783.25万元　　B. 854.78万元

C. 872.66万元　　D. 962.07万元

12. 某市政道路工程包工包料发包，合同工期390天，签约合同价7832.54万元，其中安全文明施工费178.82万元，合同约定开工前7天支付签约合同价的10%作为预付款；安全文明施工费开工前7天支付50%，其他安全文明施工费按其他已完产值分摊纳入后续款项支付；进度款按当期施工产值的70%支付；竣工验收后付至签约合同价的90%；竣工结算审定后及承包人提交3%的质量保证金后支付余款。经监理人核定，第6期除安全文明施工费的施工产值为683.56万元，则本期相应的支付款项是(　　)。

A. 691.54万元　　B. 483.95万元

C. 484.08万元　　D. 486.48万元

13. 施工合同条件发生变更，引起签约工程量调整，合同约定同步结算，但发承包人不能达成一致意见，则应以(　　)作为计量成果。

A. 承包人申报工程量　　B. 发包人认可工程量

C. 监理人暂定工程量　　D. 造价咨询人认可工程量

14. 发包人、承包人、分包人在编制相应的施工合同资金使用计划时，均应以(　　)

进度计划为准。

A. 各自编制的合同　B. 承包人企业技术负责人批准的总包合同

C. 总监理工程师批准的总包合同　D. 经发包人批准的总包合同

15. 施工合同资金使用计划评审时，财务人员主要作用表现在评审(　　)。

A. 与筹资计划的匹配性　B. 合同支付额度的经济性

C. 进度计划的合理性　D. 目标成本的准确性

16. 针对市政道路工程，(　　)是发包人扣留质量保证金的法律依据。

A.《中华人民共和国民法典》　B.《中华人民共和国建筑法》

C.《中华人民共和国招标投标法》　D.《建设工程质量管理条例》

17. 某水利工程签约合同价 28733.67 万元，合同工期 22 个月，合同约定开工前 7 天支付签约合同价的 10%作为预付款，质量保证金按签约合同价的 3%暂留，待竣工结算后调整至审定价的 2.5%，每月分别按产值的 15%和 5%抵扣预付款和扣留质量保证金后支付进度款，扣满为止。开工后，监理人核定前两期施工产值为 987.54 万元和 1211.46 万元，则第 2 期进度款支付时扣留的质量保证金为(　　)万元。

A. 93.46　B. 51.49

C. 109.95　D. 60.57

18. 某水利工程签约合同价 28733.67 万元，合同工期 22 个月，合同约定开工前 7 天支付签约合同价的 10%作为预付款，质量保证金按签约合同价的 3%暂留，待竣工结算后调整至审定价的 2.5%，每月分别按产值的 15%和 5%抵扣预付款和扣留质量保证金后支付进度款，扣满为止，开工至 15 个月末，监理人核定累计施工产值为 16982.44 万元，第 16 期和第 17 期施工产值分别是 1087.53 万元和 898.76 万元，则第 16 期进度款支付时扣留的质量保证金为(　　)万元。

A. 12.89　B. 41.49

C. 44.94　D. 54.38

二、多项选择题

1. 某公路大桥工程施工合同签约合同价为 4237.66 万元，其专用条款约定可支付 10%的工程预付款，为降低施工合同风险，(　　)是发包人支付该款项通常设置的必要条件。

A. 发承包人已在施工合同签字盖章

B. 承包人已向发包人递交合同履约银行保函

C. 承包人已完成临时设施搭设

D. 承包人已组织打桩机械进场

E. 承包人已完成桩基工程施工

2. 建设工程施工合同支付预付款，对工程建设的主要作用有(　　)。

A. 提高发包人筹资能力　B. 降低承包人资金压力

C. 降低监理人管理压力　D. 提高材料设备供应商供货积极性

E. 降低勘察设计人工作压力

3. 根据施工合同约定，发包人向承包人支付工程预付款，承包人应用于(　　)。

A. 采购工程材料设备　B. 采购或租赁施工设备和周转材料

C. 归还外部欠债　　D. 支付履约保证金
E. 施工现场临时设施布置
4. 建设工程一般采用(　　)直观地反映形象进度。
A. 文字描述　　B. 影像图片
C. BIM　　D. 图表
E. 实体缩小模型
5. 进行合同计量的必要条件是(　　)。
A. 合同范围　　B. 形象进度符合进度计划
C. 约定的计量周期　　D. 过程合格品
E. 有资质的造价人员到岗
6. (　　)是建设工程施工合同常用结算与支付方式。
A. 开工前付50%，竣工后付50%　　B. 竣工后一次性结算与支付
C. 按月结算与支付　　D. 按进度节点结算与支付
E. 按年度结算与支付
7. 施工合同约定结算与支付条件，起到的作用有(　　)。
A. 指导发包人编制筹款计划
B. 影响承包人在合同发包阶段的合同报价
C. 指导承包人编制资金使用计划
D. 改变合同竣工结算价
E. 改变承包人的质量保修责任
8. (　　)是建设工程施工合同按月结算后常用支付比例。
A. 50%以下　　B. 50%～60%
C. 70%～80%　　D. 90%
E. 抵扣预付款和质量保证金后全额支付
9. 施工合同按月结算额抵扣预付款和质量保证金后全额支付进度款的理由是(　　)。
A. 承包人已向发包人提交有效的履约担保　B. 计算过程简单而便于操作
C. 符合国际惯例　　D. 适用于大型交通水利工程
E. 法规强制规定
10. 施工合同约定签约合同条件发生变化时纳入同步结算与支付，(　　)可以在当期进度款中扣减。
A. 预付款　　B. 设计变更
C. 承包人的索赔　　D. 发包人的索赔
E. 上期进度款少计的内容
11. 施工合同设置合理的结算与支付条件，约定相应的违约责任，(　　)是主要作用。
A. 防范发承包人产生合同争议　　B. 约束承包人拿了钱不干活
C. 约束发包人对干了的活不给钱　　D. 降低社会资源投入
E. 提高发承包人违约成本
12. 针对招标形成的施工合同，(　　)是工程款结算审核的主要内容。

A. 本期已完工程量　　B. 签约合同单价的合理性
C. 本期应扣除的款项　　D. 总价措施费发生的实际成本
E. 计算过程的准确性

13. 建设工程施工合同结算与支付条件采用按月支付已完产值的70%、按工程重要进度节点追加支付累计已完产值的10%，竣工验收后再追加支付累计已完产值的10%，以下说法正确的是(　　)。

A. 承包人施工前期资金压力巨大　　B. 发包人施工前期的资金压力降低
C. 降低发承包人双方市场价格波动风险　　D. 比节点支付降低了承包人的资金成本
E. 促进承包人狠抓进度的积极性

14. 发包人在编制施工总包合同资金使用计划时，(　　)是必须获得的基础资料。

A. 分包工程合同　　B. 施工进度计划
C. 合同支付计划　　D. 签约合同价加预备费
E. 招标控制价

15. 关于施工合同增值税正确的表述有(　　)。

A. 承包人提供的发票可以进行发包人的进项税抵扣
B. 劳务分包人提供的发票可以进行承包人的进项税抵扣
C. 工程专业分包人提供的发票可以进行承包人的进项税抵扣
D. 甲供材料设备发票可以进行承包人的进项税抵扣
E. 施工机械设备租赁商提供的发票可以进行承包人的进项税抵扣

16. 施工合同质量保证金可以按(　　)扣留。

A. 签约合同价的一定比例在开工时一次性
B. 签约合同价的一定比例在竣工后一次性
C. 每期进度款的一定比例
D. 竣工结算价的一定比例分次
E. 竣工结算价的一定比例一次性

17. 施工合同质量保证金可以按(　　)退付。

A. 保修期满一次性
B. 缺陷责任期满一次性
C. 除基础和主体工程外的保修期满一次性
D. 除基础和主体工程外的保修期内分次
E. 缺陷责任期内分次

18. 关于建设工程质量保证金表述正确的是(　　)。

A. 在《建设工程质量管理条例》规定的质量保修期内，承包人应向发包人提交合同约定的质量保证金
B. 建设工程竣工验收通过后，因承包人已经提交质量合格的工程，则发包人应退还合同约定的质量保证金
C. 工程质量保修期内发现施工质量缺陷，承包人不能及时修复，发包人可以动用质量保证金用于修复
D. 施工合同约定的缺陷责任期结束后，发包人全部退还质量保证金，则承包人的质

量保修责任结束

E. 竣工结算后，承包人可以用合同规定额度的银行保函向发包人提交质量保证金，保函期限应符合合同约定

三、判断题

1. 建设工程施工合同结算是按区域市场价格平均水平计算合同价款。（　　）

2. 施工合同结算属于注册造价工程师的执业范围，则签发工程款支付证书的总监理工程师必须有注册造价工程师资格。（　　）

3. 根据现行《建设工程工程量清单计价标准》GB/T 50500—2024，建设工程实物工程量和非实物工程量应在合同中约定相同的预付款比例。（　　）

4. 某施工合同约定，合同双方签字盖章后一周内，在承包人向发包人提交签约合同价的10%作为履约保证金后，发包人向承包人支付签约合同价的10%作为工程预付款，根据债务互抵原则，承包人可以不交保证金，发包人可以不付预付款。（　　）

5. 建设工程质量保证金是指按照施工合同约定承包人用于保证其在缺陷责任期内履行缺陷修补义务的保险。（　　）

6. 进行监理的施工合同，由于发承包人间的文件往来都必须经过监理人传递，则工程进度款应由监理人向发包人申报。（　　）

7. 施工合同按月结算与支付有利于降低承包人的资金压力，适用于大型工程；按工程进度节点支付有利于调动承包人推进工程进度的积极性，适用于小型工程。（　　）

8. 根据消费市场惯例，发包人向承包人支付工程进度款，说明发包人已经完全认可承包人的过程施工产品质量。（　　）

9. 施工合同进度款支付比例较低时，可以降低发包人的财务成本，所以在大型工程中，发包人应尽可能压低进度款支付比例。（　　）

10. 施工合同结算一般由承包人与监理人的工程管理人员完成，施工合同支付一般由发包人与承包人的财务人员完成，则两项工作可以分别按自己的频率和周期操作。（　　）

11. 某建设工程GF-2017-0201示范文本的施工合同第4期进度款支付流程情况见表4-6，单位为万元，均已扣除水电费3.27万元。根据审核情况，发包人暂停了本期进度款支付，纳入了合同争议。（　　）

第4期进度款支付流程情况表　　表4-6

时间	6月22日	6月28日	7月3日	7月5日	7月7日	7月10日
行为	承包人申报	监理人报发包人	发包人要求修正	承包人再次申报	监理人再报发包人	发包人审核意见
支付款（万元）	786.45	749.44		748.87	745.87	
其中同步结算（万元）	22.76	18.83	部分不同意	15.26	15.26	有异议额11.87

12. 编制施工合同资金使用计划有利于发承包人事先了解双方的债权债务，这些债权债务不会随时间推移而消失和改变。（　　）

13. 承包人作为一般纳税人时可以进行增值税抵扣，则应按照自身编制的资金使用计划进行增值税抵扣。（　　）

14. 发包人应根据承包人申报的资金使用计划进行建设资金筹措。(　　)

15. 根据施工合同约定，发包人有权审核承包人申报的进度款，当发包人审核存在异议时，可以无限期拒付进度款。(　　)

16. 由于施工合同承包人递交了一定额度的履约保证金，其中包括实现工程质量目标的内容，则竣工验收后，可以将履约保证金自动转作质量保证金。(　　)

17. 从工程进度款中扣留质量保证金的，适合按核定施工产值比例支付的施工合同；从竣工结算款中一次性扣留质量保证金的，适合按核定施工产值全额支付的施工合同。(　　)

18. 当施工合同约定质量保证金从工程进度款中逐次扣留时，即可从合同预付款开始扣留，直至扣到合同约定额度为止。(　　)

四、案例分析

1. 工程预付款抵扣

某博物馆改造工程，经公开招标签订了施工合同，签约合同价为 8760.33 万元，其中暂定价 670 万元，工期 390 天。合同约定，合同生效后一周内，发包人向承包人支付签约合同价扣除暂定价后的 10%作为预付款，按月支付工程进度款，按可计工程进度款 15%抵扣预付款，抵扣完为止。工程开工至第 10 个月后，本期可计工程进度款 773.06 万元，其中水电费 2.87 万元；前 9 期累计可计工程进度款 4899.67 万元，其中水电费 20.59 万元；未发生合同价格调整。试根据以上情况计算第 10 期应抵扣的预付款。

2. 工程款计量

某高校食堂工程，管桩基础，框架结构，地上 2 层，建筑面积 6676m^2，施工合同约定按月同步结算与支付，第 3 个月对基础钢筋工程计量时，核定已完工程钢筋用量表见表 4-7，签约合同钢筋综合单价为 5332.20 元/t，合同约定进度款按月结算，按核定产值的 80%支付进度款，试计算本期工程款钢筋用量和可计付进度款。

核定已完工程钢筋用量表　　　　**表 4-7**

签约清单工程量完成量	对应清单错误修正量	承包人做错返工报废量	图纸会审增加量	施工办公区临时花坛用量	设计变更返工报废量	设计变更增加量
48.43t	−2.45t	0.48t	1.19t	0.27t	0.35t	0.17t

3. 资金计划

某装饰改造工程，施工合同签约合同价 1861.72 万元，其中安全文明施工费 42.78 万元，合同工期 145 天。合同约定开工前支付预付款为签约合同价的 10%、安全文明施工费 60%；每月按已完工程量计价的 70%支付进度款、剩余安全文明施工费和总价措施费按已完工程量比例分摊；预计合同工期延长 7 天，过程合同变更造价均纳入竣工结算，预估增加额约为签约合同价的 4%；竣工后 50 天内完成竣工结算审核和余款支付，承包人的履约保证金、质量保证金均采用银行保函；针对签约合同价，每月计划完成工程量占比见表 4-8。

每月计划完成工程量占比　　表 4-8

月份	1	2	3	4	5
计划完成工程量	15%	16%	24%	26%	19%

试根据已知条件，编制本施工合同的资金使用计划。

4. 质量保证金

某住宅小区工程，建筑面积 234812.34m²，施工总包合同签约合同价 43661.34 万元，合同工期 910 天，质量保修金按竣工结算价的 3%扣留，竣工后承包人履行保修责任两年后退付 50%，五年后退 50%。竣工日后 264 天后完成竣工结算，竣工结算价为 45387.52 万元，在竣工结算支付前发包人提出质量保修金两个选项：选项一：按合同留置保修金；选项二，买断除基础和结构工程外的质量保修责任，按 14 元/m² 的价格向物业公司一次性交付。假设承包人的年化资金成本为 8%，试选择方案。

码4-4 模块4练习题参考答案

模块5 施工合同结算相关合同管理

5.1 质 量 管 理

5.1.1 概念

码5-1 ISO9000

根据现行法规和工程建设程序，以实现建设工程实体质量为目标，在施工阶段通过依次整合控制建设工程各质量要素，并组合包括自身在内的各建设工程参建主体的质量行为，分级完成反映质量行为的支持性建设文件，最终将工程设计施工图转化成满足施工合同要求的工程实体，经竣工验收后移交使用。

5.1.2 质量管理主要内容

码5-2 PDCA

由于施工合同存在承揽加工属性，承包人形成最终的工程实体质量，必须整合建设工程的人、机、料、法、环、测六大质量要素，通常所说的5M1E，见图5-1，其中人是最关键要素。

（1）人：必须具备相应的资质、技术和数量；

（2）机：必须有满足施工要求的施工机械和仪器设备；

（3）料：必须组织到场满足合同约定足够数量的工程材料设备和周转材料；

（4）法：必须编制采用科学的计划方案，以整合施工活动所需的社会资源；

（5）环：必须充分考虑到工程环境对施工活动的各种影响；

（6）测：必须明确测量工具、测量方法，以及经过培训和授权的测量人。

图5-1 六大质量要素关系图

5.1.3 与其他专项管理的关系

质量管理是施工合同建设目标控制的基础，不能促进形成实体工程质量的工程管理都是无效的管理。工程质量的底线是合格，进度管理、安全文明管理、成本管理均有对应合理目标。当工程质量目标超过合格标准时，对其他专项管理都会增加压力，如按照慢工出细活的原理，施工工期一般会延长；按照水涨船高的原理，安全文明标准会提升、施工成本也会增加。

5.1.4 施工成本相关性分析

码5-3 工程技术

（1）施工组织设计和专项施工方案。其属于质量要素中的“法”，也是施工合同技术标的组成内容，反映了承包人履行施工合同义务时，整合施工资源的计划、安排和运用，如设计合理可以节约资源和提高效率，反之就会造成不必要的浪费。

(2) 材料报验。其属于质量要素中的“材”，通过验证工程原材料符合合同约定和合格品使用数量，可作为施工合同结算数量的重要依据，对发承包人都有过程证据的作用，其中对装饰工程、安装工程非常有意义。

(3) 工人和管理人员数量统计。其属于质量要素中的“人”，正常施工状态一般不必统计，相关费用在已完工程量中已经体现。当施工状态发生非正常停工、窝工和复工时，工程现场人员统计显得十分有必要，发生局部停工、窝工和复工时，以统计专业劳动力为主，发生整体停工、窝工和复工时，不仅要统计专业工种人数，而且要统计管理人员人数。

(4) 大型机械进退场。其属于质量要素中的机，大型施工机械生产能力强大，机械价值高，如土方施工机械、桩基施工机械、起重机械、垂直运输机械等。为保证其正常使用和安全性，无论是承包人自有还是通过市场租赁，进入施工现场都会发生费用，包括进退场运输、安装拆卸、维护保养、运行管理等，因此大型施工机械进退场应做好记录。

(5) 施工环境因素识别。其属于质量要素中的“环”，建设工程施工前，必须充分认清建设工程施工环境因素和相应的施工措施，包括施工场地地质条件、施工期气象条件、周边情况、运输条件、水电源条件等，例如雨天混凝土浇捣必须准备塑料薄膜覆盖以保证质量，毗邻居民区的钻孔灌注桩工程施工工艺应考虑夜间施工停顿的质量措施，这些因素均会增加施工成本。

(6) 测量方案。其属于质量要素中的“测”，施工过程会发生事先测量放样、事中动态控制、事后测量检验，必须使用指定的并经过定期检验的测量工具，统一规范的测量方法，保证同一测量点、同一测量工具、不同测量人所测出的数据误差最小化。施工过程要对测量的数据进行记录，及时核对原始数据和后续数据，让质量成果能满足合同约定的质量要求，有效控制质量返工损失。

5.1.5 案例题

(1) 背景情况

某援疆综合办公楼工程，建筑面积 14482.46m^2，地上 7 层，签约合同价 3488.46 万元，工程于 8 月 23 日开工，至 10 月底时，主体结构施工至四层楼面，根据工程地理位置一般于 11 月中旬进入冬歇期，次年 3 月下旬结束，施工合同当事人面临选择。方案一，开展冬期施工至结顶，冬期施工措施有：混凝土掺入抗冻剂，单价为 22.8 元/m^3，预估混凝土 3220m^3；建筑围挡彩条布 6200m^2，单价 6.1 元/m^2；包裹覆盖混凝土用塑料薄膜 13400m^2，单价 0.8 元/m^2；保温生火燃料煤 560t，单价 540 元/t；方案二，来年 4 月继续施工，预测增加成本：未完工程材料费 1530 万元，因冬歇期平均上涨 1.5%；未完工程人工费 410 万元，因冬歇期平均上涨 4.5%；塔式起重机租赁费 18000 元/台月，脚手架和模板钢管租赁费 24500 元/月，管理人员工资 81000 元/月，组织措施摊销 11000 元/月，其他管理费用摊销 12000 元/月。试从承包人角度选择施工方案。

(2) 题解及分析

① 方案一，采用冬期施工措施，相应费用测算：

3220×22.8＋6200×6.1＋13400×0.8＋560×540＝42.4356 万元

② 方案二，考虑正常冬歇时间 5 个月，相应费用测算：

(1.8＋2.45＋8.1＋1.1＋1.2) ×5＋1530×1.5%＋410×4.5%＝114.65 万元

③ 方案一，冬期施工质量管理难度有所增加，但能控制用度。由于组织连续施工，主体结构施工比较顺畅，除冬期施工措施外，资源消耗比较正常，测算费用为上限。

④ 方案二，施工质量易于控制。冬歇期延长的工期，相应开销较多；冬歇期后市场施工总量加大，施工资源市场价会呈上升趋势；尤其是结构工人往返路费增加，使成本增加较多；涨价幅度在合同约定风险幅度内，不能获得合同调价补偿；测算费用不确定性大。

⑤ 综合比较，优选方案一。图 5-2 为某援疆综合办公楼冬期施工措施。

图 5-2　某援疆综合办公楼冬期施工措施

5.2　进　度　管　理

5.2.1　概念

使一组工程项目质量行为在时间维度上有序化，即以施工合同签约时点为起点，以工程项目竣工后交付使用为终点，进行工程施工进度计划编制和执行的管理。具体是考虑现有区域内建设程序规定和社会平均生产力水平，以工程项目质量行为里程碑节点为基础，通过 WBS 分析逻辑关系后形成具有时序的多工作组合模式，常以横道图或网络图表示，并据此实现计划和控制的反复循环。

码5-4 总进度计划

5.2.2　进度管理常见内容

（1）施工总进度计划。以施工合同签约时点为起点，以工程项目竣工后交付使用为终点，以过程重要里程碑节点为进度主要控制点，根据施工合同各项条件，可以按顺排和倒排进度两个方向形成施工总进度计划，对整个合同的各项实施起到指导作用。

（2）年度计划。针对跨年度工程，一般根据施工总进度计划按历法年度进行进度计划编制和执行，对年度的各项实施起到指导作用。

(3) 月度计划。其是对年度计划的细化，一般根据施工合同工程量计量周期，当月20日至下月19日，进行进度计划编制和执行，对月度的各项实施起到指导作用。

(4) 周计划。其是对月度计划的细化，一般根据施工合同例会周期，进行进度计划编制和执行，对一周的各项工程实施起到指导作用。由于周计划可以具体到每天的工作，对照检查十分直观，进度目标控制十分有效。

5.2.3 进度管理原则

(1) 计划先行。根据区域生产力水平和施工合同具体条件，先通过顺排进度计划走向，切分施工进度工序，梳理工序间的逻辑关系，形成进度计划初稿，后通过倒排进度计划走向，查找是否存在工序遗漏，修正工序排布的合理性，形成进度计划成果。针对大型工程，需要进行顺向和逆向的多次循环，并通过集体讨论形成最终成果。

(2) 均衡资源。由于建设工程体量较大，通常按分区、分块、分段形式组织单元施工，各单元由很多道工序组成，各道工序消耗的资源和时间存在差别，因此针对资源有限的市场背景，通过合理切分施工单元，协调各单元各项社会资源平衡，形成施工流水节拍，这是施工合同进度管理基本原则。图5-3是路面沥青分段摊铺施工。

图5-3 路面沥青分段摊铺施工

(3) 动态管理。由于建设工程施工过程的不确定性，计划考虑不周或出现异常情况会干扰进度计划实施，如社会资源供应出现缺口、施工依据提供不及时、发生不利物质条件等均对进度计划产生负面影响，必须正视干扰情况及时调整进度计划，选择确认工期延误还是抢回工期损失。

5.2.4 与其他专项管理的关系

进度管理是实现施工合同建设目标的途径，进度推进才能使建设工程参建各方工作有效，形成社会资源有序堆积的实体工程量。当进度目标较紧时，可以理解为因压缩了正常的工序时间或停顿时间而抢工，易忙中出乱，对质量管理、安全文明管理不利，为弱化负面影响，必须加大投入，从而提升施工成本；当进度目标较松时，因延长了正常的工期，使施工管理体系效率下降，成品保护、风险防范、设施维护期延长，也会增加施工成本。

5.2.5　施工成本相关性分析

进度管理反映了社会资源利用的时间强度，社会资源货币化就是施工成本，呼应施工合同的资金使用计划。正常的进度与施工合同社会资源消耗计划协调同步，对应发生正常的施工成本；落后的进度对实体工程社会资源消耗影响较小，但会使施工效率下降而产生窝工损失，按时间计算的措施费增加，从而增加施工成本；提前的进度需要加速施工合同社会资源消耗，缩短工期会降低按时间计算的措施费，也会额外增加材料损耗、机械和人工堆积降效的损耗，一般施工成本增加的概率大。

5.2.6　案例思考题

（1）背景情况

某城市高架桥工程（图5-4），签约合同价25681.23万元，工期600天，履约保证金为签约合同价10%的银行保函，建设目标分配比例质量：工期：安全文明：施工管理人员施工机械到位和其他＝4：3：2：1。根据施工专项方案，某桥梁区段结构施工阶段，计划280天完成，为保证施工流水，必须配置木工180人、钢筋工135人、泥工110人，平均工资280元/天，实际施工时，原材料供应顺畅，但木工数量严重不足，施工效能仅达到计划量的65%，如果此状况不能扭转，在不考虑财务成本的情况下，试测算承包人的损失。

图5-4　某城市高架桥工程

（2）题解与分析

码5-5 关键线路

① 本案例由于桥梁结构施工阶段木工配备不足，工期将延长为280/65%＝431天，因桥梁结构施工属于工程进度的关键线路，所以耽误合同计划工期151天。

② 根据已知条件，对施工工人窝工、工期履约保证金进行测算。

③ 钢筋工窝工人数135×35%＝47.25人、泥工窝工人数110×35%＝38.5人，

则窝工损失：（47.25＋38.5）×151×280＝362.551万元

④ 工期延误扣减进度履约保证金：

25681.23×0.04%×151=1551.1324 万元，此额度已大于履约进度目标保证金：25681.23×3%=770.4369 万元

则取履约进度目标保证金上限 770.4369 万元。

⑤ 现实中，工期延误承包人还将发生机械降效、管理费、措施项目摊销、财务费用等损失，只因背景条件不明，暂时不能测算。

5.3 安全文明管理

5.3.1 概念

为贯彻“安全第一、预防为主”的方针，根据施工合同目标要求，按照国家现行的建筑施工安全、施工现场环境与卫生标准和有关规定，由承包人购置和更新施工防护用具及设施，改善安全生产条件和作业环境，实施必要的安全文明专项措施。

5.3.2 安全文明管理内容

根据现行《建筑施工安全检查标准》JGJ 59—2011，施工合同的安全文明管理包括安全管理、文明施工、脚手架、基坑工程、模板支架、高处作业、施工用电、施工机械等19 项内容，通过检查评定各项施工措施，合格后获得“标化工地”，图 5-5 为在建工程井道安全文明标化设施。针对危险性较大分部分项工程，其施工专项方案是重点把控内容，一般需要通过行业专家论证。

图 5-5　在建工程井道安全文明标化设施

5.3.3 与其他专项管理的关系

安全文明管理是建设工程施工合同目标控制的必要条件，为质量管理、进度管理、成本管理保驾护航。安全文明管理贯彻以人为本的原则，促进与毗邻工程利益相关方和谐相处，提升施工管理体系运行效率，减少了其他专项管理的障碍和风险。当安全文明管理目标较高时，因社会资源投入增加，可以有效支撑质量管理获得较高目标，对进度管理影响相对中性，施工成本会有所增加。

5.3.4　施工成本相关性分析

安全文明施工管理必然发生安全生产、文明施工、环境保护、临时设施等专项的社会资源投入，表面上是增加了施工合同成本，但实质上是有效控制了建设工程风险损失。例如，文明施工让原材料管理更加有序，减少了储存过程中的损耗；安全生产要求施工现场配置消防设施，一旦遭遇火灾时因能够自救而减少损失；环境保护要求设置工程车辆出门冲洗台，减少了因污染周边道路而被勒令停工的损失。

5.3.5　案例思考题

(1) 背景情况

某桩基施工经济责任人，承接了某城区一项大口径钻孔灌注桩分包工程，淤泥质地质条件，设计成孔工程量为18676m^3，一般产生3倍的泥浆，调查当地市场泥浆外运价格为78元/m^3，渣土外运价格为120元/m^3。受工程所在地政府严管文明施工和环境保护约束，泥浆外运不能保持连续，桩基施工经济责任人拟购买泥浆脱水固化设备保障正常施工。图5-6为泥浆脱水固化设备。经测算，设备一次性投资为105万元，可以及时处理现场泥浆比例不低于85%，综合现场安装、机械配合、处理投料、运行用电等因素的费用为7.2元/m^3，对现场不能及时处理的泥浆进行外运，试从经济责任人角度评价这项环保举措的经济合理性。

图5-6　泥浆脱水固化设备

(2) 题解及分析

① 方案一，所有泥浆外运，费用测算为

$$18676 \times 3 \times 78 = 437.0184\text{ 万元}$$

② 方案二，泥浆脱水固化，费用测算为

$$1050000 + 18676 \times 85\% \times (120 + 7.2 \times 3) + 18676 \times 15\% \times 3 \times 78 = 395.3371\text{ 万元}$$

③ 方案二符合环保政策，从承包人经济角度比较，相对传统的方案一，方案二能实现费用自平衡，而且可以节约成本。

5.4 信息和资料管理

5.4.1 信息和资料管理作用

根据建设工程项目是大量社会资源有序堆积和集体智慧产物的特点，在现行法律框架下，以建设单位为核心将这些经济活动通过分类发包和履行各类合同完成整合，由不同的利益相关方形成建设工程项目利益共同体，为推进和保证建设工程目标实现，必须让合适的人在合适的时间、合适的地点获得合适的信息。①保持信息渠道通畅，以较低的沟通成本完成信息及时传递，促进社会资源堆积有序。②工程建设活动中的重要信息必须形成书面准确资料，便于相关方确认、执行、使用，包括可追溯。③工程信息和资料内容量大，必须进行分类管理，使相关成员能清晰识别和使用。

5.4.2 信息和资料管理分类

(1) 按工程建设过程。依据性资料：一般包括三大类，现行法律法规、经批准的建设文件、依法生成的合同。过程资料：随着建设工程实施的推进，有关建设目标控制的各级计划、实施情况、变更情况相关记录不断生成，形成大量的过程资料。归档资料：根据《建设工程文件归档规范（2019 年版）》GB/T 50328—2014 和发包人要求，分别按发包人、监理人、承包人名下的分目录结合前两类资料进行竣工资料整理归档。

(2) 按建设工程目标。质量资料，属于工程资料的基础资料，涉及人、机、料、法、环五大质量要素，资料数量最大。进度资料，属于工程资料的次级基础资料，至少有事先计划和计划实施情况两部分，反映了建设活动在时间轴线上的先后次序。安全资料，属于工程资料的专项资料，包括文明施工台账和安全文明专项费用使用台账。投资资料，属于工程资料的专项资料，包括签约合同价、资金使用计划、结算与支付、竣工结算价及附件。

(3) 按建设工程参建主体。建设工程参建主体包括建设单位、设计单位、施工单位、监理单位、图审单位、检测单位、中介咨询单位等，根据现行法规各自名下均会生成相应的工程资料，部分资料虽然需要交叉共同生成，但现行法规和市场惯例有固定的主责人，其中承包人需要编制资料的内容和数量最多。

5.4.3 在合同管理中的作用

施工合同管理的主要任务是为实现建设工程目标开展各项活动，由于工程建设活动的各项信息需要采用工程资料反映和传递，工程资料体现了建设工程各参建主体履约行为，承载着可追溯界定合同当事人各项合同责任的功能，因此信息和资料管理可成为合同管理的提供抓手，是合同管理的基础工作内容。

5.4.4 施工成本相关性分析

由于工程资料存在及时性、专业性、系统性和多样性的特点，施工合同准备阶段、实施阶段、竣工归档阶段会产生很多过程资料和最终资料，承包人必须配置有经验的专业人员编审和管理，软硬件都有较大投入。目前，虽然在推行工程信息电子化，但为满足合同履约责任可追溯要求，纸质文件依然必须保留。表 5-1 为材料、构配件、设备进场使用报验单。同时存在电子和纸质两类文档资料，增加了承包人的成本投入。如果工程质量目标为优质工程，需要承包人完成的资料更多，成本投入会更大。

材料、构配件、设备进场使用报验单 **表 5-1**

承包单位：__________ 合同号：__________

项目监理机构：__________ 编　号：B.1.3.1-__________

致：__________（项目监理机构） 兹报验 □ 1 材料进场使用。 □ 2 构配件进场使用。 □ 3 工程设备进场使用/开箱检查。 □ 4 名称：__________ 采购单位：__________ 拟用部位：__________ 附件（共____页）： □ 清单（如名称、产地、规格、数量等）、样品。 □ 出厂合格证、质保书、准用证。 □ 检测报告、复试报告。 □ 其他有关文件。 本次报验内容为第____次报验，本项目经理部已完成自检工作且资料完整，并呈报相应资料。 施工项目经理部（章）：__________ 项目经理（签字）：__________ ______年____月____日

5.4.5 案例

（1）背景情况

某高校图书馆工程有较大量的幕墙干挂石材（密缝），考虑供货渠道，其中室内白洞石板作甲供材料，招标文件暂定价 700 元/m^2，清单量为 1646m^2，实际采购价为 720 元/m^2，工程完工后，经监理机构丈量核定面积为 1721m^2，甲供物料统计为 1891m^2。对此，承包商表示甲供数量超实物工程量数为正常施工损耗，发包人则对超定额损耗用量部分提出费用索赔。室内幕墙密缝干挂石材定额损耗为 2%，承包人投标文件组价分析中相应石材损耗为 3%，试处理该项索赔。

（2）题解及分析

① 由于本工程采用工程量清单综合报价，发包人未对甲供材料损耗率做出规定，使发包合同条件存在缺陷。

② 定额损耗率 2%仅供参考，但承包人组价分析的石材损耗率 3%已成为签约合同条件。

③ 发包人提出的索赔成立，甲供 1891m^2/实体 1721m^2＝109.87%，已经超过合同约定损耗。

④ 发包人超供数应由承包人承担，可在工程款中抵扣，额度＝(1891－1721×1.03)×720＝85226.4 元。

5.5 变更管理

码5-6 施工合同变更

5.5.1 概念

施工合同在实施过程中，如签约合同条件发生变化，即可认为是合同变更，通常包括：

（1）增加或减少合同中任何工作，或追加额外的工作，如拆除已施工墙体（图 5-7）；

（2）取消合同中任何工作，但转由他人实施的工作除外；

（3）改变合同中任何工作的质量标准或其他特性；

（4）改变工程的基线、标高、位置和尺寸；

（5）改变工程的时间安排或实施顺序。

图 5-7 拆除已施工墙体

5.5.2 变更管理内容

建设工程参建各方主体均可以提出变更。变更指示均通过监理人发出，除发包人外其他参建主体发出变更前应征得发包人同意。承包人收到经发包人签认的变更指示后，方可实施变更。未经许可，承包人不得擅自对工程的任何部分进行变更。涉及设计变更的，应由设计人提供变更后的图纸和说明。如变更超过原设计标准或批准的建设规模时，发包人应及时办理规划、设计变更等审批手续。

5.5.3 在合同管理中的作用

由于建设工程的特点，尤其是专业复杂性、不确定性，施工合同实施阶段不可避免地发生合同条件变更。进行变更管理就是弥补签约合同条件缺陷、动态修正合同条件，完成质量、进度、投资综合建设目标。实际操作中，为保证建设工程质量目标，必须适当调整进度和投资目标，大多数情况是投资目标有所增加。如果将变更管理工作前移，将有效控制建设目标。

5.5.4　施工成本相关性分析

施工合同变更使原施工计划发生改变，让建设工程施工所需的社会资源发生调整，导致施工合同费用或工期发生变化，从而影响施工成本。变更的时点对施工成本存在不同的影响作用，针对施工时点，越早确定变更对控制施工成本越有利。如施工后发生变更，不仅有返工损失，还存在报废工程量损失；如施工准备后发生变更，会发生订货后退货、专业工人窝工或遣返、施工机械进退场等损失；如施工计划前发生变更，则除变更内容自身施工成本外几乎不发生额外施工成本。

5.5.5　案例

(1) 背景情况

某农贸市场工程，地上3层，框架结构，预应力管桩桩基，建筑面积8737.46m^2，签约合同价2103.63万元，工期300天。基础施工阶段，为保证工程提前55天投入使用，发包人确定将屋面结构层改成轻钢结构（图5-8）。试分析施工合同土建工程主要变更内容和价格变化。

图5-8　轻钢屋面的农贸市场

(2) 提示

屋面结构变化影响钢筋混凝土工程量权重较大，合同变更发生的新增内容和原有内容均需要重新组价。

5.6　风　险　管　理

5.6.1　概念

工程建设施工起始阶段风险处于未知状态，随着建设工程施工进度推进，各种风险事件由未知状态逐渐发生和消失，并对施工合同中间成果产生风险影响，至工程实体竣工投入使用后，逐渐具体化。施工合同风险管理应注重风险事件对确定施工成本的影响，一般按风险识别、风险分析、风险评价、风险应对在合同签约前后开展风险管控。

5.6.2　常见风险

针对施工合同存在的各式各样风险，通常包括不利的自然条件、人为障碍、施工条件变化、社会资源供应不到位、政策法规变化、物价上涨、汇率变化、工程变更、工期延期或提前、管理失误、合同单方不正当终止、不可抗力等。

5.6.3　风险策略

一般着力在合同管控上开展风险事先应对，按风险事件发生概率高低和损失大小组合形成不同对策，由此进行合同树规划和确定合同条件的条款。图5-9为建设工程施工合同风险应对图。针对损失较小、发生概率较低的建设过程自身管理失误可采用风险自留；针对损失较小、发生概率较高的工程专业施工可采用风险转移，委托专业施工分包或专业承包；针对损失较大、发生概率较高的市场价格波动，可采用合同当事人合理分摊；针对损失较大、发生概率较低的不可抗力，可购买保险。

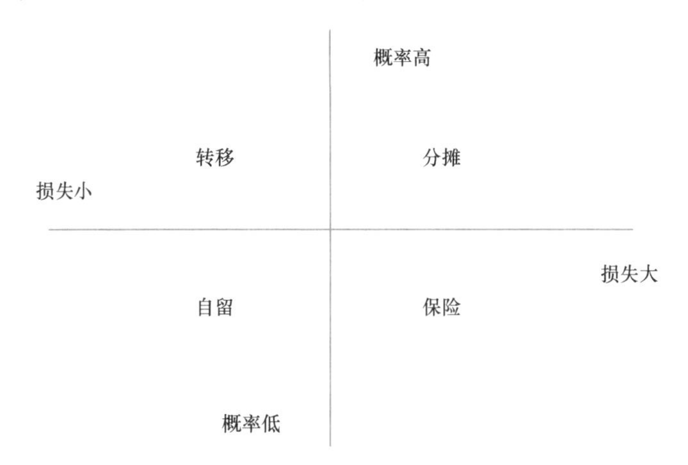

图5-9　建设工程施工合同风险应对图

5.6.4　施工成本相关性分析

施工合同风险事件发生时，对施工合同必然会产生工期或费用的损失，既可能增加施工成本，也可能增加合同成本。例如，当施工人员操作失误损坏已完工程或工程管理人员发出错误指令，施工过程成果必须返工重做；当施工现场遭遇台风袭击后，对临时设施和永久工程造成损坏，必须进行清理恢复；当基础施工阶段发生长时间停电，必须采用自备发电机保证工地用电设备正常工作，产生动力源价格差损失。

5.6.5　案例

（1）背景情况

某城市基础设施投资公司发包的大型地下车库工程，地下两层，钻孔灌注桩基，框架结构，建筑面积24096.27m²，土方开挖范围地质条件为粉砂土层，采用自流深井降水工艺，签约合同价6875.83万元，工期330天。由于工程施工电源不能稳定供应，承包人必须配置一台200kVA备用柴油发电机（图5-10）。经市场调查，购置全套机组16.27万元，租赁全套机组240元/天，租赁价格中包括安拆维护，但不包含设备基础、防护棚、柴油消耗。试从承包人角度做出决策。

图 5-10 200kVA 柴油发电机

(2) 提示

根据 GF-2017-0201 示范文本合同条件，施工过程临时停电属于承包人应承担的风险。

练 习 题

一、单项选择题

1. 根据施工合同条件约定，由承包人完成设计施工图的深化，此举属于建设工程施工质量要素中的(　　)。

A. 人　　B. 料

C. 法　　D. 环

2. 某新建廉租房小区工程施工二标段，地下一层，建筑面积 27018.97m²，地上 8 幢 20～22 层，建筑面积 103674.33m²，签约合同价 48056.52 万元，工期 620 天，如期顺利完成竣工验收和交付。其中，14 号楼建筑面积为 14214.97m²，15 号楼建筑面积为 15067.87m²，均为 22 层，15 号楼建筑面积比 14 号楼的高 6%，关于 14 号楼与 15 号楼施工管理成本比较，以下说法正确的是(　　)。

A. 15 号楼比 14 号楼的高 6%　　B. 两幢楼基本一致

C. 根据规模效应 15 号楼比 14 号楼更低　　D. 两幢楼无法测算比较

3. 根据 GF-2017-0201 示范文本和市场惯例，工程开工前发包人必须向承包人提供经审批和满足施工要求的(　　)设计施工图，超过数量由承包人自费购买。

A. 一套　　B. 二套

C. 三套　　D. 四套

4. 建设工程施工合同质量目标为省级优质工程，则安全文明目标必须达到(　　)及以上标化工地。

A. 区县级　　B. 地市级

C. 省级　　D. 国家级

5.（　　）是施工合同进度控制时较少使用的进度计划。

A. 年度计划　　B. 季度计划

C. 月度计划　　D. 周计划

6. 由于资源有限，施工合同承包人为控制施工成本，一般采用（　　）。

A. 依次施工　　B. 平行施工

C. 流水施工　　D. 交叉施工

7. 某高层建筑结构砌体工程施工阶段，发生人货梯故障检修两天的情况，工人必须走楼梯才能到达高层操作点，这可以被定性为（　　）。

A. 停工　　B. 窝工

C. 返工　　D. 抢工

8.（　　）不计入施工合同安全文明施工措施费。

A. 开工前发包人组织施工的工地围墙　　B. 工地围墙书写标语

C. 工地围墙开洞安装大门　　D. 工地围墙上安装喷雾除尘装置

9.（　　）是最能反映施工进度的资料。

A. 钢筋过磅照片　　B. 钢筋料场堆放照片

C. 钢筋试件制作照片　　D. 钢筋隐蔽验收照片

10. 承包人向发包人申报施工合同进度款时，（　　）是最直观的辅助资料。

A. 施工总进度计划　　B. 横道图

C. 带前锋线时标网络图　　D. 实时影像资料

11. 根据现行建设工程文件归档整理规范，施工合同承包人在施工过程中必须编制大量工程资料，其中（　　）数量最大。

A. 质量资料　　B. 进度资料

C. 造价资料　　D. 安全文明资料

12. 建设工程施工资料中，（　　）资料数量最大。

A. 质量　　B. 进度

C. 安全文明　　D. 造价

13. 某建设工程在基础施工阶段因所在地召开国际会议，接行政主管部门指令停工 8 天，对施工合同的（　　）影响最大。

A. 质量目标　　B. 进度目标

C. 安全文明目标　　D. 造价目标

14. 钢筋混凝土工程施工过程发生（　　）时，对施工成本影响最大。

A. 钢筋材料进场后设计要求直径由 18mm 改成 22mm

B. 钢筋下料后设计要求直径由 18mm 改成 22mm

C. 钢筋安装后设计要求直径由 18mm 改成 22mm

D. 钢筋安装和混凝土浇筑后设计要求直径由 18mm 改成 22mm

15. 某基础工程遇地下障碍物使施工工期由 58 天延长至 72 天，其中（　　）不会直接造成施工成本增加。

A. 基础工程施工用工数量　　B. 施工管理人员数量

C. 工地保安人员数量　　D. 塔式起重机司机、司索人员数量

16. 房建工程施工过程中设计施工图发生(　　)变更时，对施工合同风险最大。

A. 水泵房出水管标高　　B. 内隔墙圈梁标高

C. 电梯厅装饰面标高　　D. 建筑室外地坪

17. 施工合同存在较多不确定事件和风险事件，其中(　　)宜购买保险防范风险损失。

A. 地下障碍物　　B. 偷盗

C. 停电　　D. 台风

18. 某大型工程，施工项目部预算人员向发包人申报第四期工程款时，漏计了43713元措施费，增加了承包人的财务成本，承包人宜采用(　　)的风险对策。

A. 与发包人分摊损失　　B. 购买保险

C. 委托专业造价咨询　　D. 自留

二、多项选择题

1. 为保证建设工程施工质量而从严控制(　　)，属于质量要素中“料”的控制。

A. 结构钢筋截面　　B. 木模板平整度

C. 塔式起重机用电缆绝缘电阻　　D. 临时设施彩钢板厚度

E. 外运土方含水率

2. 建设工程施工过程遇到(　　)，属于质量要素中的环境要素。

A. 政府行政办事中心搬迁　　B. 毗邻居民区

C. 用地红线内有古树名木　　D. 雨季

E. 设计人专业主管更换

3. 大型施工机械极大地提高了施工效率，(　　)属于大型施工机械。

A. 400kVA变压器　　B. 防尘水炮

C. 消防水泵　　D. 长臂土方挖掘机

E. 300t汽车起重机

4. 建设工程施工现场布置材料堆场、加工场地、办公场所、工人宿舍和其他生活设施，对控制施工成本主要表现在(　　)。

A. 有利于控制钢筋半成品质量，防止以次充好

B. 减少工人上下班路途时间，提高工效

C. 不发生或很少临时设施租赁成本

D. 合理规划施工过程物流流线，降低运输成本

E. 有利于施工合同工期实现，减少措施费开支

5. 建设工程施工合同工期被延误后，因(　　)增加而使施工成本加大。

A. 工程原材料消耗　　B. 成品保护时间

C. 临时设施摊销　　D. 水电费

E. 工程款财务成本

6. 建设工程安全文明措施可以促进质量目标实现，其中(　　)有明显积极作用。

A. 材料仓库有序堆放
B. 工人宿舍安装空调
C. 塔式起重机定期维护保养
D. 施工临时用电系统每日检查
E. 运行喷雾防尘系统

7. 承包人采取安全文明措施，为实现建设目标保驾护航，承包人必须设置安全可靠的施工操作通道、平台、防护措施，向本工程(　　)开放使用这些装置。

A. 材料供应商
B. 施工人员
C. 监理人
D. 设计人
E. 使用人

8. 建设工程安全文明施工费应形成使用清单记录，(　　)可以列入。

A. 外脚手架租赁
B. 外脚手架密目网
C. 工地围墙上喷雾装置
D. 塔式起重机视频监控装置
E. 工人宿舍空调

9. 建设工程施工合同会发生很多施工技术措施，根据市场结算惯例，其中(　　)主要与时间相关。

A. 塔式起重机基础
B. 脚手架
C. 模板
D. 备用发电机
E. 施工电梯

10. 签约施工合同条件在合同实施阶段发生变化时，可理解为合同变更，变更由(　　)提出，经合同当事人确认后实施。

A. 发包人
B. 承包人
C. 设计人
D. 监理人
E. 分包人

11. (　　)属于施工合同变更。

A. 楼层不同卫生间结构标高低于楼层结构标高由20mm、30mm统一调整为30mm
B. 钢筋混凝土剪力墙因胀模造成结构混凝土凿除和修补
C. 顶棚混凝土板底由抹灰改成满批腻子
D. 因平面布置发生变化使楼层消防喷淋管返工
E. 600mm×600mm地砖颜色由灰色改成米色

12. 房建工程施工发生(　　)时，对施工成本影响较大。

A. 楼层不同卫生间结构标高低于楼层结构标高由20mm、30mm统一调整为30mm
B. 钢筋混凝土剪力墙因胀模造成结构混凝土凿除和修补
C. 顶棚混凝土板底由抹灰改成满批腻子
D. 因平面布置发生变化使楼层消防喷淋管返工
E. 600mm×600mm地砖颜色由灰色改成米色

13. 承包人在塔式起重机使用前向监理人进行相关资料报验，这些资料有(　　)资料的性质。

A. 质量管理
B. 进度管理
C. 安全文明管理
D. 成本管理
E. 变更管理

14. 钢筋工程报验资料反映了施工质量生成过程，包括(　　)相关资料。

A. 原材料出厂质量证明和复试资料　　B. 钢筋连接质量

C. 检验批　　D. 隐蔽工程验收

E. 竣工验收

15. 承包人在申报工程进度款时，监理人签认的(　　)可以作为已完工程量辅助资料。

A. 施工总进度计划　　B. 原材料质量报验资料

C. 隐蔽工程验收记录　　D. 大型施工机械安装交底记录

E. 分包人资质申报资料

16. 建设工程施工合同一般有(　　)的保险险种。

A. 建设工程一切险　　B. 意外伤害保险

C. 农民工工伤保险　　D. 大型施工机械财产保险

E. 工期履约保险

17. 施工合同应合理分摊市场价格风险，(　　)显示了公平原则。

A. 因发包人责任引起工期延误，延误期发生工程材料大幅跌价，发包人不予合同调价

B. 因承包人责任引起工期延误，延误期发生工程材料大幅跌价，发包人不予合同调价

C. 因发包人责任引起工期延误，延误期发生工程材料大幅涨价，发包人不予合同调价

D. 因承包人责任引起工期延误，延误期发生工程材料大幅涨价，发包人不予合同调价

E. 因发承包人共同责任引起工期延误，延误期发生工程材料大幅波动，发包人不予合同调价

18. (　　)属于承包人将施工合同风险转移。

A. 桩基工程分包　　B. 聘请专家商讨大型构件吊装方案

C. 租赁大型施工机械　　D. 采购铝模板

E. 聘用职业施工项目管理人员

三、判断题

1. 由于建设工程中材料设备占成本权重最大，则人、机、料、法、环、测六大质量要素中料属于第一质量要素。(　　)

2. 由于甲供材料质量由发包人承担责任，则对于甲供材料对应的工程内容承包人不需要承担保修责任。(　　)

3. 大型施工机械对施工合同建设目标影响较大，主要表现在施工质量上。(　　)

4. 由于施工现场搭设临时设施时必须浇筑混凝土基础，则该混凝土基础属于施工合同的实体工程。(　　)

5. 某城市基础投资公司兴建一地下车库工程，钢筋工程发生施工损耗，则钢筋原材料在承包人质量申报时的数量会大于竣工结算的数量。(　　)

6. 由于塔式起重机相比汽车起重机空间占用大、需要固定基础、安拆手续复杂等，

新建住宅小区工程配备起重吊装施工机械时，两者中应优先选择汽车起重机。（　　）

7. 跨年度建设工程施工年度计划以开工日为起点延续一年时间进行编制。（　　）

8. 由于建设工程施工措施费与时间关联度甚大，则应尽可能压缩工期。（　　）

9. 监理人根据施工合同约定对承包人申报的已完工程量进行审核确认，属于造价控制工作。（　　）

10. 由于建设工程安全文明施工措施只有投入而不产生经济效益，则应执行节约原则，尽可能简化各项安全文明措施。（　　）

11. 由于建设工程日常施工资料不够系统、易出错，因此待工地现场交工后再编写竣工验收资料更有效。（　　）

12. 建设工程施工过程受监理人严格控制，经参建各方主体完成竣工验收，合格后交付使用，因此只要保存最终结果资料而不需要保存过程资料。（　　）

13. 针对承包人提出施工合同变更，当会增加施工合同价时，发包人应予以拒绝。（　　）

14. EPC 承包人的工作包括设计采购施工的内容时，应承担相应设计失误的风险。（　　）

15. 由于设计人是施工合同当事人之外的第三方，所以设计人失误造成的施工合同损失应由发承包人共同承担。（　　）

16. 施工合同发包人委托承包人投保了工程一切险，如果发生火灾损失可以向保险公司理赔，因此承包人在施工现场不必配置消防设施。（　　）

17. 由于绝大多数建设工程会发生设计施工图变更引起施工合同价调增，所以发包人应购买设计缺陷保险以降低风险损失。（　　）

18. 某施工合同发包人缺少造价专业人员，委托了造价咨询中介开展相应造价管控工作，由于共同面对承包人的合同价款结算诉求，所以发包人和造价咨询人的管理风险一致。（　　）

四、案例题

某深基坑工程，淤泥土层，设计采用钻孔灌注桩排桩加三轴水泥搅拌桩止水的支护形式，其中三轴水泥搅拌桩直径 850mm，轴间距 600mm，有效桩长 18.9m，水泥掺量为土体重量的 23%，土体密度取 1800kg/m^3，单幅水泥用量 7.226t，围护桩围合长度 1024.2m。根据施工合同约定，允许水泥用量在设计用量±2%范围内偏差，超过范围则全额调整水泥材料量价，水泥材料价 540 元/t。经试桩后承包人按设计施工图完成施工，根据承包人与水泥厂商送货料单并经监理人验证，三轴水泥搅拌桩水泥用量 6477t，试计算水泥用量合同调整价格。

码5-7 模块5练习题参考答案

模块 6　施工合同资金计划主要影响因素

6.1　增　　值　　税

增值税是以商品（含应税劳务）在流转过程中产生的增值额作为计税依据而征收的一种流转税。从计税原理上说，增值税是对商品生产、流通、劳务服务中多个环节的新增价值或商品的附加值征收的一种流转税。实行价外税，也就是由消费者负担，有增值才征税，没有增值不征税。但在实际经济活动当中，商品新增价值或附加值在生产和流通过程中是很难准确计算的。

6.1.1　影响分析

施工合同承包人以小额纳税人或以一般纳税人身份，采用简易征税办法时，不能用增值税进项税抵扣销项税；施工合同承包人以一般纳税人身份采用非简易征税办法时，可以用增值税进项税抵扣销项税，没有销项税发生就不能进行进项税的抵扣，增值税的抵扣程度直接决定合同资金的使用效率和合同履行成本，从而影响到企业利润，并对施工合同财务结算与支付产生影响。

6.1.2　抵扣基本规则

（1）抵扣条件。增值税抵扣必须满足凭证和时间两个基本条件，税法规定的扣税凭证有：增值税专用发票，海关完税凭证，免税农产品的收购发票或销售发票，货物运输业统一发票（或者部分实施“营改增”地区的运输业增值税发票）；一般纳税人申请抵扣的防伪税控系统开具的增值税专用发票以及其他需要认证抵扣的发票，2017 年前必须自该专用发票开具之日起 360 日内（2017 年 1 月 1 日以后，时间限制取消）到税务机关认证，否则不予抵扣进项税额，在认证通过当月未按有关规定核算其进项税额并申报抵扣的，也不得抵扣。

（2）政策更新。政府会不断出台政策规范和修正增值税征收和抵扣活动。如《关于全面推开营业税改征增值税试点的通知》（财税〔2016〕36 号）规定：一般纳税人为甲供工程提供的建筑服务，可以选择适用简易计税方法计税。又如《关于统一增值税小规模纳税人标准的通知》（财税〔2018〕33 号）规定，自 2018 年 5 月 1 日起，我国将工业企业和商业企业小规模纳税人年销售额标准由 50 万元和 80 万元统一上调至 500 万元。

（3）减负导向。自 2019 年 4 月 1 日起，飞机票、火车票、汽车客运车票、出租车票、公交车票纳入抵扣凭证范围；纳税人取得不动产支付的进项税由分两年抵扣改为一次性全额抵扣，增加纳税人当期可抵扣进项税；对主营业务为邮政、电信、现代服务和生活服务的纳税人，按进项税额加计 10％抵减应纳税额。自 2023 年 1 月 1 日至 2023 年 12 月 31 日，对月销售额 10 万元以下（含本数）的增值税小规模纳税人，免征增值税；增值税小规模纳税人适用 3％征收率的应税销售收入，减去按 1％征收率征收的增值税；适用 3％预征率的预缴增值税项目，减去按 1％预征率预缴的增值税；允许生产性服务业纳税人按照当期可抵扣进项税额加计5%抵减应纳税额，允许生活性服务业纳税人按照当期可抵扣进项税额加计10%抵减应纳税额。

6.1.3 建设工程常用税率

2016年5月1日起，建设工程开始由征收营业税改成征收增值税，一般纳税人适用的税率有：17%、13%、11%、6%、0%等，小规模纳税人适用征收率为3%。

2017年7月1日起，简并增值税税率有关政策正式实施，原销售或者进口货物适用13%税率的全部降至11%，这个调整涉及农产品、天然气、食用盐、图书等23类产品。

2018年3月28日，国务院常务会议决定从2018年5月1日起，将制造业等行业增值税税率从17%降至16%，将交通运输、建筑、基础电信服务等行业及农产品等货物的增值税税率从11%降至10%，增值税率由原来的五档简化为四档。

2019年4月1日起，增值税一般纳税人（以下称纳税人）发生增值税应税销售行为或者进口货物，原适用16%税率的，税率调整为13%；原适用10%税率的，税率调整为9%。

6.1.4 增值税抵扣

增值税抵扣计算公式为：

应纳税额＝当期销项税额－当期进项税额

销项税额＝销售额×税率

销售额＝含税销售额÷（1＋税率）

销项税额：指纳税人提供应税服务按照销售额和增值税税率计算的增值税额。

进项税额：指纳税人购进货物或者接受加工修理修配劳务和应税服务而支付或者负担的增值税税额。

施工总承包企业日常成本可抵扣增值税项目及税率详见附录1。

6.1.5 案例

（1）背景情况

某高校投资新建图书馆工程，总承包人发包范围含税施工图预算47182.76万元，施工工期30个月，包工包料发包，未设预付款，按月结算，预计发包中标价下浮8%左右，试从承包人增值税抵扣角度确定合同条件中最低进度款支付额。

（2）题解及分析

① 增值税的进项税率分别为13%、9%、6%征收率为3%，增值税的销项税率为9%。

② 根据市场调查，区域同类工程造价含税构成为：

材料设备：人工：机械＝65%：12%：8%，综合不能抵扣税款内容后的平均进项税率构成为材料设备：人工：机械8.8%：6.2 %：7.4%；剩下15%为无法抵扣税款的管理费、利润、规费；工程完工时，承包人将有3%的工料机款项至竣工结算审定后支付。

③ 完工前进项税额测算：

[0.65×8.8%/(1+8.8%)+0.12×6.2%/(1+6.2%)+0.08×7.4%/(1+7.4%)]×(1−3%)=6.314%

④ 考虑到税款抵扣最大效应，销项税额宜不低于进项税额，则最低支付比例为：

6.314%×(1+9%)/9%=76.47%

⑤ 最低支付额：

47182.76×(1−8%)×76.47%=33194.20万元

6.2　施工合同从属合同

6.2.1　分类

施工总承包合同对应的二级合同有：工程分包合同、劳务分包合同、材料设备采购合同、周转材料和施工机械租赁合同、借款合同、专项服务合同、保险合同；针对工程分包合同，会有三级合同：劳务分包合同、材料设备采购合同、周转材料和施工机械租赁合同、借款合同、专项服务合同、保险合同，具体见图6-1。

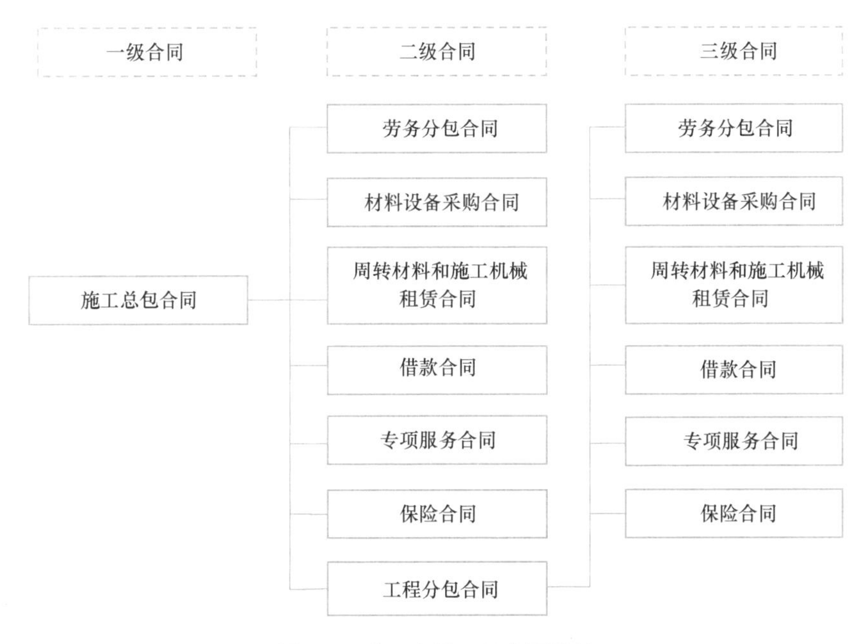

图6-1　施工合同三级合同结构

6.2.2　影响分析

通常是从属合同履约不到位，使施工主合同履约受阻而迟延工程计划进度，造成计划完成工程量滞后而影响合同价款的结算与支付。例如，劳务人员数量不足、工程材料采购不及时、大型施工机械故障维修停用时间长等情形均会使施工主合同进度延误。又如，桩基分包工程、机电分包工程、幕墙分包工程等施工进度滞后也会让施工主合同进度延误。

码6-1 进度网络计划

6.2.3　市场惯例

从属合同分由发包人主导发包和承包人主导采购发包两类，在工程施工主合同中进行事先约定，根据主导情况分别承责。针对永久性供水、供热、供燃气，配电，下水，道路，景观绿化等配套附属工程，工程重要甲供材料设备，一般由发包人主导采购发包；针对劳务分包、周转材料、施工机械设备，防水，人防，水电安装等专项工程，常用材料设备，一般由承包人主导采购发包。

6.2.4　案例

（1）背景情况

某新建写字楼工程，建筑面积 13.81 万 m^2，按 GF-2017-0201 示范文本签约，发包人委托跟踪审计单位参与施工合同管理。合同支付条件为开工前预付签约合同价的 10%；月度进度款按签约合同价中已完工程量的 70%计算，市场价格波动综合纳入竣工后的工程款；合同变更和索赔费用采用一单一结，与进度款同步支付，支付比例为 50%；竣工验收后支付至合同已完工程量（包括各项调整）的 90%，竣工结算后由承包人提供工程质量保修保函后支付完成。

合同工期内，承包人基本完成施工合同约定的施工内容，经统计合同各项费用见表 6-1，因发包人负责的配电房（图 6-2）工程设计工作延误，工程永久性电源不能及时供电，使竣工验收延误 106 天，试计算承包人可以计算财务费用索赔的基数。

合同各项费用 **表 6-1**

签约合同价	累计涨价调整	累计变更	累计其他索赔
38501.56 万元	−706.42 万元	1863.38 万元	145.48 万元

图 6-2 写字楼配电房

（2）题解及分析

① 索赔成立判定。本合同承包人已基本完成合同约定施工内容，因发包人履责缺陷造成工期延误，延期时间也超过了工程款流程操作期，造成承包人不能及时获取竣工验收后的一期工程款，产生较大的财务费用，因此索赔成立。

② 竣工验收前工程款累计数。因实际已完工程量与签约合同工程量的偏差，在变更和其他索赔支付中有所抵消，假设忽略此偏差后计算工程款，则预付款和进度款 38501.56×(10%+70%)+变更和索赔(1863.38+145.48)×50%=31805.68 万元。

③ 竣工验收后应付工程款累计数。预付款和进度款 38501.56×90%−合同涨价调整 706.42×90%+变更和索赔(1863.38+145.48)×90%=35823.60 万元。

④ 承包人可以计算财务费用索赔的基数。35823.60−31805.68=4017.92 万元。

6.3 甲供材料设备

6.3.1 概念

甲供材料设备是在发包人与承包人签订合同中约定的由发包人提供的材料设备。凡是甲供材料设备，进场时由承包人和发包人代表共同取样或开箱验收，合格后方能用于工程上。甲供材料一般为含量较大的材料，比如钢材、装饰石材、电缆等（图6-3），和价值较高的设备，比如电梯、空调主机、配电柜、大口径水泵等。

图6-3　运抵工程现场的钢筋

6.3.2 影响分析

当施工合同发生甲供材料设备时，将在当期合同已完工程量计算的工程进度款中抵扣，使正常的工程进度款发生变化。根据目前的施工合同价格结算模式，甲供材料不纳入施工合同销项税计税基数，现行税率为9%，也不能抵扣进项税，通常甲供材料属制造业产品，现行进项税率为13%，因此施工合同相较非甲供情形时承包人应纳税额会有变化。

6.3.3 市场惯例

针对甲供材料设备承包人可以按一定费率收取采购保管费，其取费基数为含进项税的价格。当甲供材料设备一次性数量过大，当期已完工程量计算的工程进度款不足以抵扣甲供材料设备款时，宜按已完工程量中的甲供材料设备含量抵扣。因承包人免费获得甲供材料设备用于施工，使承包人履约成本支出下降，但根据现行计价规则，施工合同计价常态是材料设备补贴人工，因此甲供材料设备使承包人的潜在利润减少从而影响了承包人的工作积极性。

6.3.4 水电费

由于工程现场接入施工用的临时用水、用电属于发包人的工作，水务公司和电力公司一般与发包人签订供水、供电合同，进行费用结算。根据市场惯例，施工合同价中包括工程施工水电费，因此参照甲供材料处理方式，一般对承包人装表计量后随工程进度款同期抵扣，其中根据施工合同约定，免费提供发包人和监理人办公场所的水电费，但当发包人使用水电费额度较大时，宜在合同中作分摊规定。

6.3.5 案例

(1) 背景情况

某高校图书馆室内改建工程，签约合同价 2317.4 万元（含甲供），合同工期 7 个月，第 3 月发包人向承包人供应了 3413m^2 大理石规格板（图 6-4），单价 720 元/m^2，承包人当月已完进度款为 214.33 万元，试进行发承包人当月甲供材料结算。

图 6-4 甲供大理石规格板

(2) 题解及分析

① 本合同将甲供材料纳入承包人产值，工程款支付时应抵扣甲供材料款。

② 甲供大理石材板 3413×720＝245.736 万元，已超过承包人当月完成工程量造价，说明当月甲供材料未全部使用。

③ 经核查，承包人甲供大理石材板本月施工量为 783m^2，合同约定其采购保管费为 3%。

④ 发承包人当月进度款结算时部分抵扣甲供材料款 783×720×(1－3%) ＝54.6847 万元。

(3) 思考题

以上大理石规格板也可采用乙供，试比较甲乙供两者对承包人的经济影响内容。

(4) 提示

可从合同结算额、采保费、成本支出、利润、增值税方面进行讨论。

6.4 合同条件变更与索赔

6.4.1 概念

合同条件变更是指有效成立的合同在尚未履行或未履行完毕之前，由于一定法律事实的出现而使合同内容发生改变。合同变更是合同关系的局部变化，如标的数量的增减，价款的变化，履行时间、地点、方式的变化，而不是合同性质的变化，如买卖变为赠与。如图 6-5 所示为邵逸夫先生捐建的医院。合同关系失去了同一性，此为合同的更新或更改。

图6-5 邵逸夫先生捐建的医院

6.4.2 影响分析

合同条件变更常常会造成承包人向发包人索赔，造成签约合同价调整，其中大多数会增加签约合同价。目前有两种处理方式，一是索赔变更发生的价格调整与工程款同期结算与支付，支付比例一般小于工程款支付比例；二是索赔变更发生的价格调整纳入竣工结算，或变更索赔累计增加值占签约合同价较大比例或绝对值较大时，与工程款同期结算和支付，支付比例一般小于工程款支付比例。

6.4.3 索赔条件

（1）有索赔事件发生。当合同约定的事件发生时，包括由客观自然条件引起的或由利益相关方引起的，这些事件造成有偏离签约合同条件情形的客观事实。

（2）产生可量化损失。因签约合同条件发生偏离，继续履约造成合同当事人在费用和工期上的损失，这些损失可以通过计算数量确定。

（3）非己方责任。根据合同约定或现行法规规定，合同履约损失不属于合同当事人一方必须承担的责任，则可以向另一方主张。

（4）规定时间内提供有效证据。根据“谁主张谁举证”的原则，主张索赔的合同当事人应在规定时间内，提供符合合同约定或法规规定的完整证据，包括前述三项直接或间接的证据。证据宜采用影像资料和书面资料。

6.4.4 案例

（1）背景情况

某城市桥梁钻孔灌注桩工程（图6-6），分包合同签约合同价为1878.53万元，合同工期4个月，单价包干，无预付款，施工期进度款为次月支付上个月已完工程量计价的80%款项，合同增加工作内容按计价的50%同步支付，余款待基础工程验收后办理交工结算后支付。根据施工进度计划，进度款资金使用计划见表6-2。施工中，发现桩位上有较大数量的地下障碍物，必须进行清障后才能继续打桩。经监理人核定，工期延误 56 天，清障费用 77.65 万元，桩根数未变，实际工程造价比合同造价增加 88.23 万元。假设这些变化情况按计划数量发生同比影响，试计算该桩基工程的进度款如何支付。

进度款资金使用计划　　表 6-2

月份	第 2 月	第 3 月	第 4 月	第 5 月
计划完成比例	18.5%	33.5%	32.5%	15.5%
计划支付额（万元）	278.02	503.45	488.42	232.94

图 6-6　某城市桥梁钻孔灌注桩工程

（2）题解及分析

① 延误工期分摊。本桩基工程工期延误了 56 天，根据同比影响分摊原则，针对签约合同工期 4 个月进度节点延误时间分别为 10 天、19 天、18 天、9 天。

② 合同进度款结算基数调整。经查合同条件，招标文件的地质勘查报告中显示有较多的地下障碍物，合同单价包干约定包括工期延误的风险，除清障费用和实际工程量允许调整外，其余不得另计费用，则合同价调整为 1878.53＋77.65＋88.23＝2044.41 万元，可支付进度款基数为 1878.53×80%＋(77.65＋88.23)×50%＝1585.764 万元。

③ 进度款支付期数。因合同工期延误了两个月，则施工期进度款支付次数由 4 次变更为 6 次。

④ 按每月工程完成比例计算。

第 1 月：18.5%×30/(30＋10)＝13.88%；

第 2 月：18.5%×10/(30＋10)＋33.5%×20/(30＋19)＝18.30%；

第 3 月：33.5%×29/(30＋19)＋32.5%×1/(30＋18)＝20.50%；

第 4 月：32.5%×30/(30＋18)＝20.31%；

第 5 月：32.5%×17/(30＋18)＋15.5%×13/(30＋9)＝16.68%；

第 6 月：15.5%×26/(30＋9)＝10.33%。

注：过程计算累计误差应在最后 1 个月中调整。

⑤ 施工进度款计算结果见表 6-3。

施工进度款计算结果　　表 6-3

月份	第 2 月	第 3 月	第 4 月	第 5 月	第 6 月	第 7 月
完成比例	13.88%	18.30%	20.50%	20.31%	16.68%	10.33%
支付额（万元）	220.10	290.19	325.08	322.07	264.35	163.97
累计支付（万元）	220.10	510.29	835.37	1157.44	1421.79	1585.76

6.5 施工合同调价

码6-2 合同调价

6.5.1 主要调价内容

（1）工料机。施工合同履行期间，因人工、材料设备、机械台班市场价格波动超过合同当事人约定的范围时，对超出部分进行合同价格调整。

（2）工程量清单。根据施工合同条件变更估价原则，变更导致实际完成的工程量与已标价工程量清单或预算书中列明的该项目工程量的变化幅度超过 15%的，按照合理的成本与利润构成的原则，由合同当事人确定变更工作的单价。

（3）施工费用。合同基准日期后，法律变化导致承包人在合同履行过程发生费用增减的允许调价，如造成工期延误的，工期应当顺延。

6.5.2 影响分析

施工合同调价使签约合同价发生变化，无论是并入竣工结算或同步结算，均会影响到施工结算与支付的总额度、分次的额度。

（1）采用价格指数进行价格调整。针对签约基准时点发生市场价格波动，比较基期与合同期平均各合同价组成部分价格指数，按调价公式计算差额并调整合同价格。

（2）采用造价信息进行价格调整。针对签约基准时点发生市场价格波动，按工料机价格指数或单价的信息价，比较基期与合同期平均计算差额并调整合同价格。

（3）根据法律规定进行价格调整。针对签约基准时点法律变化造成施工费用调整，一般采用一事一议的方式计算调整额度。

6.5.3 市场惯例

（1）工期延长。工期延长是指工程施工过程中非发包、承包原因导致的，并经发承包双方确认达成一致不追究当事人责任的工期顺延。因工期延长所产生的人工、材料、施工机械台班等价格要素变化，发承包双方应根据合同约定进行调整。

（2）延期开工。发承包双方签订施工合同后，除合同条款另有约定外，发包人由于前期征地拆迁、设计方案重大调整等原因未能在计划开工日期之日起 90 天内开工的，遇到人工、材料、机械价格大幅度上涨或下跌时，发承包双方在开工前可按以下办法调整合同价格，并签订补充协议：按照实际开工日前 28 日历天对应月份的人工价格指数、材料信息价与编制期（即投标截止日前 28 日历天所在月份）的人工价格指数、材料信息价计算工程的人工、材料、机械的价差，在投标报价基础上调整相应的合同价（含税金），调整的价款与工程进度款同期支付。工程结算时以实际开工日前 28 日历天对应月份的人工价格指数、材料信息价作为基准价格，根据合同约定的风险幅度计算价差。

（3）工期延误。工期延误是指工程施工过程中因发包人或承包人原因导致工作的实际完成日期迟于原合同约定的计划完成日期，从而引起整个合同工期的延长，不包括延误开工。因工期延误所产生的人工、材料、施工机械台班等价格要素变化，应在界定双方责任后按以下原则处理：①由于承包人原因延误工期而遇价格涨跌的，延误期间的价格上涨费用由承包人自行承担；反之，因价格下降造成的价差则由发包人受益，发包人结算时扣回价差。②由于发包人原因延误工期而遇价格涨跌的，延误期间的价格上涨费用由发包人承担，价差计入工程造价；反之，因价格下降造成的价差则由承包人受益，发包人不得扣回价差。

（4）中途停工。工程项目开工后，由于中途暂停施工导致实际工期超合同工期的，发承包双方在复工前可按以下原则调整人工、材料、机械价差，并签订补充协议：如一方责任导致工期延误的，按工期延误条款办理，暂停施工期间月份的人工价格指数、材料信息价不计入补差范围；如双方均有责任导致工期延误，可按工期延误责任大小，由发承包双方共同协商约定按一定比例承担或受益，或者按照工期延长条款办理。暂停施工期间月份的人工价格指数、材料信息价不计入补差范围。

6.5.4 案例

（1）背景情况

某城市高架道路工程（图 6-7），施工合同工期 30 个月，签约合同价 87624.12 万元，合同约定合同工期内按造价主管部门发布的建设工程价格综合指数平均值超出基期值的 ±5%部分进行调差，试在竣工结算时计算调差值。

图 6-7 某城市高架道路工程

（2）题解及分析

① 经资料收集，合同基期价格指数为 124.21%，合同期内价格平均指数为 138.73%。

② 核查签约合同价中包干措施费 5117.22 万元，暂定价 2200 万元。

③ 分部分项工程变更按签约时点合同条件增加 3160.08 万元。

④ 竣工结算指数调差额：

(87624.12－5117.22－2200＋3160.08)×[(138.73%－124.21%)/124.21%－5%]＝5583.84 万元

6.6 施工合同纠纷

6.6.1 概念

施工合同纠纷是指施工合同从成立到终止的整个过程中，合同当事人对于导致合同法律关系产生、变更与消灭的法律事实以及法律关系的内容存在不同的观点与看法，包括合同的生效、解释、履行、变更、终止等行为而引起的合同当事人的所有争议。

6.6.2 影响分析

施工合同约束着工程实施过程的经济活动，合同当事人发生纠纷时，必会使合同约定的结算与支付发生偏离，表现在支付总额度上、单次额度上和时间上。以进度款为例，发包人和监理人对承包人的进度付款申请单有异议的，有权要求承包人修正和提供补充资料，承包人应提交修正后的进度付款申请单，发包人和监理人的审核时间也应重新计时。监理人应在收到承包人修正后的进度付款申请单及相关资料后 7 天内完成审查并报送发包人，发包人应在收到监理人报送的进度付款申请单及相关资料后 7 天内，向承包人签发无异议部分的临时进度款支付证书。

6.6.3 合同暂停

合同暂停除合同中止的原因外，还有政府部门规定的暂停、春节停工引起的暂停、监理人通知的暂停等。这些合同暂停可以是覆盖合同全部内容的，也可以是合同局部内容的，因对工程计量影响较大，所以会产生合同结算与支付计划的偏离。

6.6.4 合同争议

码6-3 施工合同争议的解决

发承包人针对合同争议可以是覆盖合同全部内容的，也可以是合同局部内容的，发生合同争议是发承包人至少有一方认为偏离了合同计划。在发生合同局部争议时，发承包人多数情况会以维护大局为重，接受由总监理工程师提出暂定方案，这个暂定方案不具备法律最终约束力，也会使发承包人至少有一方认为偏离了合同结算与支付计划。以工程质量争议为例，会使计量基础发生变化而导致合同价款变化，如合同当事人对工程质量有争议的，由双方协商确定的工程质量检测机构鉴定，由此产生的费用及因此造成的损失，由责任方承担；合同当事人均有责任的，由双方根据其责任分别承担；合同当事人无法达成一致的，纳入争议解决程序。

6.6.5 非履约完成终止

当合同实施过程触及合同解除条件，则会引起合同非履约完成终止，使合同结算与支付计划不能正常实现，通常多为按合同争议处理。

(1) 因发包人违约达到合同约定条件的，承包人有权解除合同，发包人应承担由此增加的费用，并支付承包人合理的利润。

(2) 因承包人违约解除合同的，发包人有权暂停对承包人的付款，查清各项付款和已扣款项，同时有权追究承包人的违约责任。

(3) 因不可抗力导致合同无法履行连续超过 84 天或累计超过 140 天的，发包人和承包人均有权解除合同并对不能继续履约免责。

6.6.6 案例

(1) 背景情况

某群体多层办公建筑局部改建装饰工程，通过公开招标发包，签约合同价 1472.32 万元，合同工期 110 天，根据进度计划，工程进度款按月结算，工程进度款支付计划见表 6-4。

工程进度款支付计划表（万元） **表 6-4**

付款期	预付款	第 1 月	第 2 月	第 3 月	第 4 月
当期支付	147.23	220.85	294.46	368.08	220.76
累计支付	147.23	368.17	662.63	1030.71	1251.47

发包人正常支付了计划中的前三笔工程款项，当工程开工后 78 天时，承包人进场材料渐稀渐少，施工进度明显放缓，10 天后趋于基本停工。经监理人调查，承包人外债严重，管理人员工资已经拖欠六个月，告知发包人后，则发包人书面通知承包人中止合同。此后承包人即要求支付第 3 月的计划进度款，发包人给予拒绝，双方发生合同争议，至开工后 112 天，工程完全停工。开工后 153 天，基于承包人财务状况未见好转，现场也不能继续施工，发包人终止了本施工合同，另行公开招标发包后完成本工程。试判断发包人与承包人合同支付的合理性及后续处理。

（2）题解及分析

① 根据《民法典》第五百二十七条　应当先履行债务的当事人，有确切证据证明对方有经营状况严重恶化下列情形之一的，可以中止履行。

② 根据《民法典》第五百六十三条　在履行期限届满之前，当事人一方明确表示或者以自己的行为表明不履行主要债务，当事人可以解除合同。

③ 发包人解除合同后，应与承包人进行相应的合同已完工程量结算，同时追究承包人的违约责任。

练　习　题

一、单项选择题

1. 增值税采用(　　)。

A. 价内税　　B. 单一税率

C. 对增值部分征税　　D. 简易征税

2. 承包人采购黄沙的支付价格为 70 元/t，则其中增值税为(　　)元。

A. 2.10　　B. 2.04

C. 7.00　　D. 6.36

3. (　　)纳入承包人增值税抵扣。

A. 施工项目部管理人员工资　　B. 结构主体工程劳务分包人工费

C. 桩基工程劳务分包人工费　　D. 施工分包项目部管理人员工资

4. (　　)纳入分包人增值税抵扣。

A. 施工项目部管理人员工资　　B. 结构主体工程劳务分包人工费

C. 桩基工程劳务分包人工费　　D. 施工分包项目部管理人员工资

5. (　　)委托合同是施工承包合同的从属合同。

A. 竣工结算编制　　B. 竣工决算编制

C. 招标控制价编制　　D. 投标报价编制

6. 工程施工过程发生(　　)时，承包人的工程款将很受影响。

A. 一务工人员休息日因车祸受伤

B. 一幕墙玻璃运输车超载翻车

C. 一土方运输车辆超载翻车

D. 一运输挖掘机平板车撞道路隔离栏被交警拦下

7. 等额甲供材料时，(　　)的承包人进项税抵扣差额最大。

A. 商品混凝土　　B. 加气混凝土砌块

C. 预拌砂浆　　D. 电缆

8. (　　)相对适合作为施工合同中的甲供材料。

A. 黄沙　　B. 砌块

C. 碎石　　D. 钢筋

9. 施工合同中的材料供应方式，承包人更愿意接受(　　)。

A. 甲供　　B. 甲定乙供

C. 乙供　　D. 前列任何一种

10. 施工合同中甲供材料的工程款抵扣，(　　)相对合理。

A. 按进场交接数量一次性抵扣　　B. 按工程款计量相应数量抵扣

C. 按竣工结算审定成果一次性抵扣　　D. 按预付款抵扣方式抵扣

11. 施工合同发生变更，其合同条件的基准时点指(　　)。

A. 签约时点　　B. 开工时点

C. 变更事件发生时点　　D. 变更事件结束时点

12. 某边坡治理工程，合同约定签约后 40 天内完成招标清单工程量核对，针对单项工程量偏差 2%以内不予调整，但须按设计施工图示工程量施工。因连降暴雨发生局部山体滑坡，造成承包人开挖土方量增加，经核查招标工程量清单为 87655m^3，签约后核对的工程量为 88037m^3，监理人计量工程量 93336m^3，则承包人可以提出索赔土方工程量为(　　)。

A. 5681m^3　　B. 5299m^3

C. 3928m^3　　D. 0m^3

13. 某道路工程施工合同约定，施工期内材料市场波动根据当月信息价调价，在 ±5%以内不予调整，超出后对超出部分进行调价，其中路面细粒径沥青混凝土在施工期最后两个月分别完成 63%和 37%，基准价为 686 元/m^3，施工期信息价分别为 658 元/m^3 和 622 元/m^3，则本工程路面细粒径沥青混凝土可调单价为(　　)元/m^3。

A. －11.7　　B. －64.0

C. －29.7　　D. －11.0

14. 施工合同期内发生市场价格波动，按(　　)与签约基准价比较后调价较为贴合实际。

A. 前 80%合同工期平均价　　B. 合同工期平均价

C. 施工期平均价　　D. 按施工期每月价格

15. 经预测，某办公楼工程施工工期 30 个月内，黑色金属价格下行 15%，有色金属价格上行 18%，采用(　　)进行金属材料合同调价相对发包人更有利。

A. 前80%合同工期平均价　　B. 合同工期平均价
C. 按建筑施工阶段平均价　　D. 按施工期每月价格

16. 承包人索赔时，(　　)的施工记录是最有力的证据。
A. 与索赔事件同步　　B. 经监理人确认
C. 事后补充编写　　D. 类似工程

17. 索赔事件发生后，(　　)是施工合同当事人首先应做的事。
A. 向监理人提交索赔意向通知书　　B. 向监理人提交索赔报告
C. 收集索赔相关证据　　D. 计算索赔额度

18. 施工合同发生合同争议时，可由(　　)提出暂定方案先执行，事后纳入争议处理程序。
A. 发包人项目负责人　　B. 设计人项目负责人
C. 承包人项目经理　　D. 监理人总监

19. 当施工合同发生(　　)时，对结算与支付影响最大。
A. 承包人提出施工顺序变更　　B. 施工要素市场价格波动
C. 发承包人对索赔款存在争议　　D. 合同履行过程终止

20. 施工合同发承包人发生合同争议时，应向(　　)法院提出诉讼。
A. 发包人注册所在地　　B. 承包人注册所在地
C. 工程所在地辖区　　D. 前列任意一个

二、多项选择题

1. 关于增值税说法正确的是(　　)。
A. 属于流转税　　B. 适合一般纳税人
C. 适合小额纳税人　　D. 用进项税抵扣销项税
E. 可用销项税抵扣进项税

2. 增值税抵扣可以使承包人(　　)。
A. 施工财务成本下降　　B. 施工的工料机消耗下降
C. 资金支付额下降　　D. 账户资金流量下降
E. 缴纳税额下降

3. (　　)可以进行进项税的增值税抵扣。
A. 劳务分包合同支付　　B. 甲供材料设备款
C. 大型施工机械租赁费　　D. 分包工程总包服务费
E. 现场施工牌购买费

4. 由于(　　)次级合同履约延误，极易使主合同已完工程量计划延误。
A. 脚手架钢管租赁　　B. 施工人货梯租赁
C. 模板支撑门架租赁　　D. 挖掘机租赁
E. 工地现场应急发电机租赁

5. 针对(　　)，分包工程合同与工程总包合同均在次级合同中进行管理。
A. 劳务分包　　B. 大型施工机械租赁
C. 临时设施搭拆　　D. 施工用水电
E. 施工期排污

6. 由于发包人(　　)，则施工合同发生甲供材料设备。
A. 资金缺口较大
B. 主动接受供应商产品推销
C. 为保证工程品质
D. 具备通畅的市场采购渠道
E. 欲避免较大的施工合同销项税
7. 施工合同约定有部分甲供材料，承包人可以选用(　　)。
A. 简易计税税率
B. 施工一般纳税人税率
C. 劳务分包增值税税率
D. 小额纳税人税率
E. 甲供和非甲供分别计算税率
8. 施工合同发生甲供材料时，易造成承包人(　　)减少或下降。
A. 收入源
B. 利润额
C. 进项税抵扣额
D. 财务成本
E. 施工成本
9. (　　)属施工合同变更。
A. 发包人现场管理增加一位实习生
B. 承包人住所地址发生变化
C. 总监理工程师发生变更
D. 设计人提出设计联系单明确±0.000m 设计标高
E. 钢材供应商更换供货基地
10. 施工合同发生变更时，(　　)造成影响。
A. 仅对合同价格
B. 仅对合同工期
C. 同时对合同价格和工期
D. 不对合同价格和工期
E. 总是先对合同价格后对合同工期
11. 施工合同承包人向发包人提出索赔，可由(　　)组成举证的内容。
A. 影像资料
B. 合同文件
C. 索赔报告
D. 施工记录
E. 索赔定案报告
12. 施工合同调价计算和索赔计算时，在(　　)计算上存在不同。
A. 合同工程量
B. 工料机单位含量
C. 管理费率
D. 利润率
E. 税率
13. 施工合同工期非承包人原因延误 187 天，承包人可以向发包人提出(　　)索赔。
A. 措施费
B. 合同调价
C. 监理通知单要求返工工程量
D. 财务费用
E. 施工用水电费
14. 如果施工合同约定价格包干，则(　　)。
A. 发包人承担价格上涨风险
B. 发包人承担价格下跌风险
C. 承包人承担价格上涨风险
D. 承包人承担价格下跌风险
E. 发承包人承担对等风险
15. 施工合同工期内发生市场价格波动时，签约合同价中的(　　)会发生变化。

A. 人工费
B. 材料费
C. 机械费
D. 利润
E. 税金

16. 施工合同工期内发生市场价格波动时，通常采用(　　)进行合同调价。
A. 按实发生法
B. 统计法
C. 风险包干法
D. 价格指数法
E. 工料机调差法

17. 施工合同可采用合同争议评审解决发承包人的合同争议，其具有(　　)的优点。
A. 专业性强
B. 程序简单
C. 用时较短
D. 结果强制性
E. 支付费用低

18. (　　)是解决施工合同争议主要方式。
A. 和解
B. 调解
C. 总监理工程师暂定方案
D. 合同争议评审
E. 仲裁或诉讼

19. 施工合同发生争议时，主要在(　　)上影响着合同的结算与支付。
A. 监理人计量准确性
B. 合同资料完整性
C. 结算与支付总额
D. 单次结算与支付额
E. 支付时间

20. 施工合同发生争议时，(　　)可以组织调解。
A. 监理人
B. 发承包人的上级领导
C. 行业协会
D. 政府主管部门
E. 诉讼法院

三、判断题

1. 增值税专用发票只要经过当地税务部门认证即可进行抵扣。(　　)

2. 地方材料因执行小额纳税人税率，所以不能进行增值税抵扣。(　　)

3. 施工水电费因发票抬头为发包人，所以承包人无法进行增值税抵扣。(　　)

4. 劳务分包合同的分包人因组织劳动力不足，致使工程进度延误，所以应由劳务分包人承担全部责任，发包人可以向分包人追究违约责任。(　　)

5. 分包工程施工合同应由分包人以分包合同工程量排布进度计划，并按此提出资金使用计划。(　　)

6. 甲供材料设备采购合同由发包人与供应商签约，非施工合同的从属合同。(　　)

7. 甲供材料设备不属于承包人采购合同范围，所以不计入工程造价。(　　)

8. 因甲供材料由发包人采购，所以相关的施工质量也应由发包人负责。(　　)

9. 针对施工承包合同，承包人是债务人；针对工程分包合同，承包人是债权人。(　　)

10. 某月因城市召开重要国际会议，全城停止外运土方和泥浆 10 天，使某钻孔灌注桩基分包工程施工暂停 13 天，所以承包人月度进度款计量工程量大幅减少。(　　)

11. 因发包人资金链断裂使工程停建，造成承包人租赁施工电梯的合同终止，此状况针对该租赁合同可认为是合同变更。(　　)

12. 施工合同索赔易引起发承包人合同争议，影响双方的友好合作，所以合同实施阶段应尽量不要向对方提出合同索赔。（　　）

13. 某工程桩基施工阶段，因工地毗邻的市政道路升级改造而封道14天，使施工承包人运输通道中断而停工，所以承包人可向发包人提出费用和工期索赔。（　　）

14. 甲供材料由发包人采购后移交给承包人用于施工，其市场价格波动不影响承包人的竣工结算价格。（　　）

15. 施工合同中的施工机械费发生市场价格波动时，应按机上人工和动力消耗量计算调价幅度。（　　）

16. 因施工用水电费已在工程进度款中抵扣，所以承包人不能进行增值税的抵扣。（　　）

17. 某工业厂房进行竣工前生产线调试，发生的水电费可在当期工程款中抵扣。（　　）

18. 某房建工程按GF-2017-0201示范文本签约，因工地外线路检修，使工程临时电源供电中断连续48小时，所以发包人应顺延合同工期2天。（　　）

19. 建设工程施工合同采用仲裁解决合同争议时，因仲裁机构属于民间组织，所以仲裁结果不具法律强制性。（　　）

20. 施工合同发承包人发生合同争议后选择了诉讼解决，所以受理法院必须进行全合同价的司法鉴定。（　　）

四、案例分析

1. 增值税抵扣

某施工企业针对2019年度企业管理费进行了分类整理，见表6-5，试计算其增值税抵扣的最大值。

企业管理费汇总表　　**表6-5**

序号	费用名称	费用	备注
1	职工工资福利五险一金	18761292	
2	培训费	787400	建造师等继续教育
3	财产保险	123678	
4	折旧费	6183940	
5	无形资产摊销	785366	
6	审计咨询中介费	1274476	
7	研发材料费	384490	
8	房屋租赁	284633	外地设立分支机构租用
9	会议费	127821	会展服务
10		27504	会议用办公用品
11		337639	会场租赁费
12	交通费	607800	机票∶火车票∶公路水路=45∶32∶13
13	电话费、网络费	847104	基础电信业务
14		657329	增值电信业务

续表

序号	费用名称	费用	备注
15	业务招待费	8476328	
16	办公用品、物料消耗	807504	
17	物管费	4783346	
18	污水及垃圾处理费	234566	自有办公楼
19	各类组织会费年费	228600	各类协会年费
20	福利费	347335	福利性质或工会性质
21	广告宣传费	674366	现代服务业
22	汽车相关费用	233674	汽车租赁费
23		1678733	汽车修理费
24		1361158	汽车燃料动力
25		258930	停车费
26		3896750	高速公路过路费
27		1373340	其他通行费
28		220350	洗车
29	住宿费	147830	三星级酒店以上
30	员工购置防毒面具	15433	
31	灭火器	37856	
32	生产安全用品	147801	
33	工作服	237898	
34	购置不动产	3876708	上年度购置
35	购置不动产	16904787	本年度购置
	小计	77133765	

2. 分包

某写字楼开发项目，地下2层，地上12～24层，建筑面积14.23万m^2，框架剪力墙结构，发包人与承包人在施工总包合同中约定，针对桩基工程、幕墙工程、局部精装饰工程、消防工程、空调工程、电梯工程、建筑智能工程、高低配电工程、景观工程由发包人负责发包，纳入总包管理或配合，承包人按相应工程签约合同价计取总包服务费，约定费率为2.5%，其中电梯按5000元/台计，分包工程交工时与工程款同步支付80%。本工程相关分包签约合同价见表6-6，试计算至竣工验收时点承包人可获得的总包服务费。

工程相关分包签约合同价 **表6-6**

序号	分包工程	签约合同价（万元）	备注
1	桩基工程	2846.53	
2	土方工程	1879.33	
3	结构工程泥工劳务	640.35	
4	钢筋工程劳务	739.96	
5	结构工程木工劳务	1437.23	

续表

序号	分包工程	签约合同价（万元）	备注
6	粗装饰工程泥工劳务	853.80	
7	人防工程专项设施	576.47	
8	幕墙工程	8759.98	
9	防水工程	186.53	
10	消防工程	1593.76	
11	建筑智能工程	1109.94	
12	电梯工程	2187.34	共 22 台
13	空调工程	3287.13	
14	局部精装饰工程	3416.91	
15	高低配电工程	924.95	
16	景观工程	2134.52	

3. 甲供

某部属高校投资改建图书馆工程，地上 5 层，地下 1 层，建筑面积 36412.42m²，进行施工招标，含税招标控制价 4728.92 万元，其中甲供空调主机 389.44 万元、甲供大厅艺术造型材料 187.33 万元、室内装饰石材 694.37 万元。施工合同条件约定甲供设备材料由发包人另行招标采购，现场点交后在工程款中抵扣，要求承包人开具不包含甲供设备材料款足额的增值税发票。为测算对投标价格相应影响，针对甲供设备材料，试从投标人角度测算可抵扣增值税减少额（承包人采保费按除税价格的 1.5%计）。

4. 变更与索赔

某场馆投资兴建室外游泳池及配套工程，工程坐落在粉砂土层中，设计采用天然地基，施工合同签约合同价 783.23 万元，合同工期 135 天，采用固定总价合同。土方开挖后，发现标准泳池范围存在一股承压水，使施工暂停。经设计修改，采取固结土体和增加泳池抗浮措施，经现场监理核定实际工料机成本，新增工程 33.47 万元，技术措施费 4.79 万元，工期延误 43 天。试根据以上情况，指出承包人可以提出哪些具体索赔？

5. 合同调价

某城市基础发展公司投资兴建城市公共地下车库工程，建筑面积 12417.3m²，签约合同价 2847.23 万元，地下 1 层，合同工期 210 天，单价包干。因建设用地上存在一钉子户，致使承包人无法进场施工，发包人的建设用地移交时间比合同计划推迟了 183 天，施工要素市场价格发生较大上涨。经调查，工程量清单钢筋用量为 2607.63t，工程所在地政府职能部门公布的钢筋月度信息价见表 6-7。试判断签约合同价是否可以调价？如能调价，请针对钢筋进行签约合同价调整。

钢筋月度信息价　　**表 6-7**

日期	2 月 10 日	3 月 14 日	4 月 15 日	10 月 20 日	11 月 10 日
时间节点	招标公告日	截标日	签约日	场地移交日	开工日
钢筋信息价	3877 元/t	3923 元/t	3968 元/t	4912 元/t	4927 元/t

6. 合同争议

某城市景观工程，合同约定不设预付款，按月结算与支付进度款，根据已完工程量计价和措施费分摊的80%，合同变更同步结算与支付。第3期工程进度款完成产值监理核定为484.67万元，其中针对局部外购土方堆坡造型，清单工程量5873.67m^3，签约合同价为58.54元/m^3，承包人已完成堆坡，因施工过程发生一场大暴雨，使土坡沉陷，承包人补充了845.22m^3土方才达到设计造型高度，承包人就以超限的不利气象条件为由将其作为合同增加工程量，报送到发包人后，发包人以原堆坡土方经雨淋密实为由，补充土方不予计量，承发包人产生争议。试从监理人角度处理本次工程进度款核定。

码6-4 模块6练习题参考答案

模块7　施工合同与价款支付实训

7.1　招标投标阶段

7.1.1　建设工程交易中心概念

建设工程交易中心是为区域内建设工程招标投标活动提供服务的固定建设工程交易场所，也称有形建筑市场，一般与政府采购合用交易场所，也称公共资源交易中心，通常并入区县以上的行政办事中心，见图7-1。中心有政府管理部门设立的评标专家名册，有满足建设工程交易中心基本功能要求的服务设施。政府有关部门及其管理机构可以在建设工程交易中心设立服务“窗口”，并对建设工程招标投标活动依法实施监督。建设工程交易中心是自收自支的事业性单位，而非政府机构，但有协助各职能部门处理招标投标活动问题的职责。

图7-1　宜阳县公共资源交易中心

7.1.2　招标投标相关费用

码7-1 代理制度概念和类型

（1）招标代理费。其依据国家指导价格标准由市场竞争生成，一般由招标人与代理人合同约定招标代理酬金，由招标人支付给招标代理人，有部分项目在招标文件中约定，纳入投标报价由中标人支付。

（2）交易席位费。其针对投标人获得进场交易资格收取费用，各地多数按月收费，也有按次收费，额度在百元级。近年来一些地方政府为减轻企业负担，取消或暂停收取交易席位费。由于一些地方政府实施市场准入资格，投标人会发生为获得交易资格而进工程所在地经营的备案费用，如设立分支机构的房屋租赁、办公设施、工商登记等。

（3）招标文件购买费。针对投标人为获取招标文件发生的费用，根据《中华人民共和国招标投标法实施条例》第十六条，招标人发售资格预审文件、招标文件收取的费用应当限于补偿印刷、邮寄的成本支出，不得以营利为目的。很多地方政府做出具体额度规定，一般在百元级，甚至有规定在政府或国有投资项目上不能收取费用。

（4）交易服务费。针对进场交易项目进行收费，包括信息服务费、交易服务费、设施租赁费，一般按差额累进的固定费率计算并设有上限，工程和货物类招标按千分比收费，服务类招标按百分比收费，由招标人和中标人分摊。受税费改革推进，2017 年前后，多个省级政府取消了交易服务费。

（5）评标专家劳务费。依法组建的评标委员会成员，在参加评标工作结束后，应当获得合理的劳务费用，包括参加当次评标工作而发生的交通费用，一般与评标时间、工程难度成正比，半天时间约为 500 元，由招标人或招标代理人支付。

（6）投标保证金。投标保证金是指在招标投标活动中，投标人随投标文件一同递交给招标人的一定形式、一定金额的投标责任担保。其一般作为投标准入的必要条件，主要保证投标人在递交投标文件后不得撤销投标文件，中标后不得以不正当理由不与招标人订立合同，在签订合同时不得向招标人提出附加条件，或者不按照招标文件要求提交履约保证金，否则招标人有权不予返还其递交的投标保证金。

根据《招标投标法实施条例》第二十六条，招标人在招标文件中要求投标人提交投标保证金的，投标保证金不得超过招标项目估算价的 2%。部分地区政府会规定投标保证金上限额度。投标保证金有效期应当与投标有效期一致。依法必须进行招标的项目的境内投标单位，以现金或者支票形式提交的投标保证金应当从其基本账户转出。招标人不得挪用投标保证金。为加大政府或国有投资项目招标投标监管，投标保证金会被要求提交至政府交易平台的指定账户。

（7）投标书编制成本。投标人在获取招标文件后，经评价决策参与投标，过程会经历现场踏勘、答疑、资信技术商务标编制装订包装、投标澄清等环节，对于服务类项目技术标编制成本较大，对于工程类项目商务标编制成本较大。目前，趋于无纸化的电子投标方式只是降低了装订成本，投标书编制成本有时会影响潜在投标人是否决定投标。

7.1.3 案例

（1）背景情况

2018 年 3 月，某开发区为实现以高端产业为带动、以科研创新为主导，吸引企业、项目、资金、人才的集聚，政府投资建设产业园区，集创新研发、高端制造、商贸服务、居住生活为一体。项目占坡地约 149.19 亩，总建筑面积约 17.12 万 m^2，共 19 个单体，分别有多层和高层建筑，总投资为 7.35 亿元，招标后续建设期 40 个月，见图 7-2。采用 EPC 项目公开招标，要求以电子投标书形式，相应概算控制价为 55802 万元。非注册地的某施工企业具备 EPC 相应资质，且在工程所在地已设立分支机构，该施工企业领导拟参与投标，要求经营人员测算其投标费用。招标文件购买费 400 元。

（2）题解及分析

① 市场调查。该开发区建筑市场开放度较大，免收交易席位费、交易服务费。因该企业在工程所在地已经设立分支机构，所以非注册地进驻经营前期费用无需另行开支。

② 招标文件购买费。本工程委托招标代理人进行招标，招标文件购买费 400 元，初步设计图纸和地质勘察设计文件均为电子版。

图7-2　某产业园区效果图

③ 投标保证金。本招标文件遵照多部委文件规定，投标保证金按上限80万元人民币，采用转账支票支付给招标人，预计占用期限45天，资金成本3.6%，则投标保证金成本800000×3.6%×45/365＝3551元。

④ 投标书编制。本工程体量较大，坡地建筑较为复杂，投标活动需要较高的技术含量，需要较高水平专业人员现场踏勘、标书商讨、投标述标等，资信技术标编制费3.2万元（含述标演示多媒体），商务标55802万×0.038%＝212048元，投标书正本纸质文件制作等600元。

⑤ 其他费用。因参与投标对接，领导及投标人员交通、差旅等费用5000元。

⑥ 合计。400＋3551＋32000＋212048＋600＋5000＝253599元

7.2　申领施工许可证

7.2.1　施工许可证申领流程简介

各类房屋建筑及其附属设施的建造、装修装饰和与其配套的线路、管道、设备的安装，以及城镇市政基础设施工程，必须在申领施工许可证后方可施工（图7-3）。

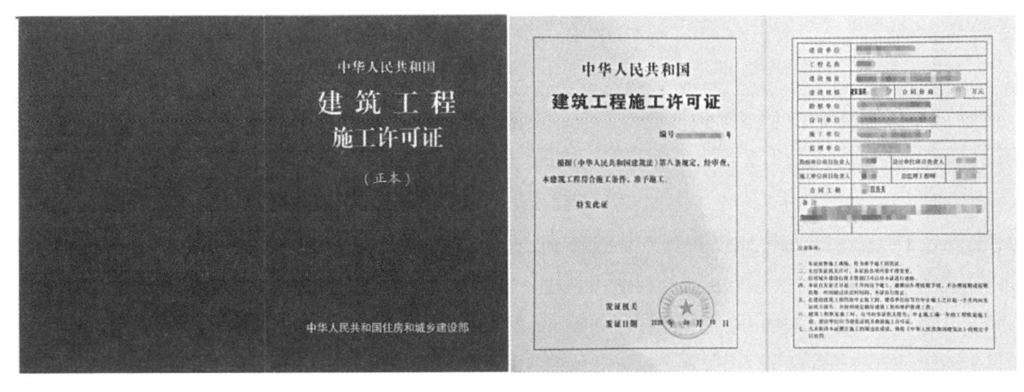

图7-3　建筑工程施工许可证

某地方建设主管部门对办理施工许可证申领流程的操作说明如下：

“（一）建设单位向发证机关领取建筑工程施工许可申请表后，应按表格内容如实填写，并加盖法定代表人签章和建设单位公章。

（二）建筑工程施工许可申请表中，施工现场是否具备施工条件栏，由施工单位项目负责人在此栏签署意见、签名，并加盖公章；在监理合同或建设单位工程技术人员情况栏，由监理单位、建设单位项目负责人在此栏签署意见、签名，并加盖公章。

（三）建设单位申请领取施工许可证，应当具备下列条件，并提交相应的证明文件：

（1）已经办理该建筑工程用地批准手续。该手续的证明文件可以是《建设用地批准书》或《国有（集体）土地使用证》或《国有土地使用权批准通知书》（仅限市政基础设施项目）。

（2）已经取得建设工程规划许可证。证明文件是《建设工程规划许可证》。

（3）施工场地已经基本具备施工条件，需要拆迁的，其拆迁进度符合施工要求。证明文件可以由建设、施工、监理三方单位出具书面资料并由三方单位项目负责人分别签署意见、签名并加盖单位公章。

（4）已经确定建筑施工企业。证明文件是中标通知书（施工单位需招标）；施工合同。

（5）施工图设计文件已按规定审查合格。证明文件是经备案的《施工图设计文件审查合格书》。

（6）有保证工程质量和安全的具体措施。证明文件是《建设工程质量安全监督书》。在办理该手续时包括施工企业编制的施工组织设计中有根据建筑工程特点制定的相应质量、安全技术措施。建立工程质量安全责任制并落实到人。专业性较强的工程项目编制了专项质量、安全施工组织设计。

（7）按照规定应当委托监理的工程已委托监理。证明文件是中标通知书（监理单位需招标）；监理合同。

（8）建设资金已经落实。证明文件是银行出具的到位资金证明或银行付款保函或者按照规定提供第三方担保，财政投资项目由财政部门出具资金证明。建设单位应当提供本单位截至申请之日无拖欠工程款情形的承诺书。证明文件是由建设单位出具并加盖法定代表人签章和单位公章的《无拖欠工程款承诺书》。

（9）法律、行政法规规定的其他条件。证明文件是房屋建筑、含隧道市政工程消防审核项目提供《建设消防设计审核意见书》；消防备案项目提供《建设工程消防监督管理方式便民告知单》。”

7.2.2 发包人应缴费用

（1）城市配套费。各地标准不一，例如杭州市城市规划区内（不含余杭、萧山）的建设项目按住宅150元/m^2、非住宅220元/m^2的标准收取城市市政基础设施配套费。

（2）供电。2017年5月1日，浙江省执行高可靠性供电和临时接电费用收费标准，根据建设工程永久性配电和临时接电容量分别缴费，例如10kV电压受电，用户应缴纳高可靠性供电费用200元/kVA。其中临时用电期限一般不超过3年，在合同约定期限内结束临时用电的，预交的临时接电费用全部退还（图7-4）。

（3）供水。针对建筑工程，城市供水工程建设资金按16元/m^2计取。

（4）供燃气。按需发生，各地标准不一，一般价格区间为20～30元/m^2。

图 7-4　施工现场临时用电杆上变压器

(5) 人民防空工程易地建设补偿费。经人民防空行政主管部门核实可以不建或者少建防空地下室的，按照规定标准一次性足额缴纳人民防空工程易地建设补偿费。

(6) 工程保险费。针对建设工程发包人投保一切险，费率为 0.1%～0.3%，通常为土建工程险为主，当设备安装工程造价权重在 60%以上时，可投保安装工程险，有时发包人通过施工合同交由承包人代办。

(7) 施工条件费用。其主要包括工程现场的三通一平、临时围墙、基准点放样等费用。

7.2.3　承包人应缴费用

(1) 意外伤害保险。《中华人民共和国建筑法》第四十八条规定，“建筑施工企业必须为从事危险作业的职工办理意外伤害保险，支付保险费”。保险支出与职工人数相关，与计价取费没有直接联系。

(2) 农民工工资保证金。工资保证金进行专户管理的专款专用，按工程建设项目合同造价的一定比例缴存，原则上不低于造价的 1%，不超过 3%，单个工程合同额较高的，可设定存储上限。与企业信誉、工程规模、担保方式联动，工程建设项目竣工后未发现拖欠情况时退还。

(3) 排污费。因建设工程施工过程产生噪声、粉尘、废气、废水、固废、光等环境污染物，则应由承包人向城管委缴纳排污费，各地计费标准不同，至迟可以在竣工验收前支付完毕。

7.2.4　案例

(1) 背景情况

浙江省某城区写字楼物业开发工程，地下 3 层、地上 42 层，总建筑面积为 16.37 万 m^2，设计变配电房的 10/0.4kV 变压器总容量为 9600kVA，受供电网条件限制，采用三路供电形式，其中第一路为全容量、第二路为覆盖消防设施 2400kVA、第三路为覆盖重要设施 5400kVA；施工过程临时用电 400kVA 杆上 10/0.4kV 变压器 3 台，计划于 2018 年 4 月下旬开工，施工合同工期 42 个月。试计算开发商在申领施工许可证前应缴纳的高可靠性供电和临时接电费用。

（2）题解及分析

本工程永久和临时电源均为建设单位负责，根据2017年4月17日公布的《浙江省物价局关于降低高可靠性供电和临时接电费用收费标准的通知》，因受电电压等级均为10kV，非自建本级电压外部供电工程，则开发商在申领施工许可证前应缴纳的高可靠性供电费用为：2400×200＋5400×200＝156万元；应缴纳的临时接电费用为：400×3×200＝24万元。

7.3 施工合同实施阶段

7.3.1 专项方案论证费

（1）发包人。针对设计人选用特殊技术、材料、工艺的设计方案进行专家论证，如深基坑围护、幕墙工程、内装饰工程等。针对政府和国有投资，一般通过论证以后才能纳入施工合同招标。图7-5为某多道内支撑深基坑围护。

图7-5 某多道内支撑深基坑围护

（2）承包人。针对政府规定危险性较大的分部分项工程专项施工方案进行专家论证，如深基坑围护、超高幕墙工程、高大支模架、大型构件吊装等。

7.3.2 专项检测费

（1）发包人。根据住房和城乡建设部规定，工程中所需第三方检测由发包人委托，通常有地基、桩基、围护、防雷、节能、环境、水质化验、规划测绘等。

（2）承包人。根据建设市场惯例，一些施工质量过程的专项检测由承包人或分包人或供应商承担第三方的费用，如原材料、半成品、主体结构、人防、消防、供配电等检测。

（3）EPC项目。根据建设市场惯例，目前工程所需的各项检测均由承包人承担，相关费用事先纳入合同价格中。

7.3.3 动态结算

针对施工合同月度结算，合同调价按市场价同步结算或按当月信息价进行价差结算，合同变更、索赔、材料抵扣、违约责任等内容按发生采用一事一结。

（1）无价材料设备。发承包人可通过自身或委托第三方，共同市场询价后定价，必要时邀请专家评审。

（2）非承包人责任工程损失。针对不可抗力、法规变化、发包人要求返工等非承包人责任的工程损失，发包人、承包人、监理人、咨询第三方共同及时确认损失内容和数量，有利于形成完整的计价证据。

码7-2 工程索赔程序与时限

7.3.4 分阶段结算

针对施工合同按工程重要进度节点结算，例如以基础、主体、装饰工程完工日为里程碑，除签约合同价结算外，进行节点期内变更、索赔、调价、材料抵扣、违约责任等内容结算，其中合同调价按期内市场均价结算或信息均价进行价差结算。分阶段结算适用于工期较长的施工合同结算，有利于承包人减负降本，降低阶段合同款项的财务成本，但对施工合同最终结算有一定的负面影响。

7.3.5 案例

（1）背景情况

某道路边坡治理工程（图 7-6），施工期 5 个月，合同约定钢筋和水泥进行月度信息价调差，基准价分别为 3842 元/t、347 元/t，监理人核定了材料用量（表 7-1），试计算钢筋水泥调差对合同价的调整额。

材料用量及信息价 **表 7-1**

日期	第 1 月	第 2 月	第 3 月	第 4 月	第 5 月
钢筋（t）	88.0	117.4	144.8	124.2	76.4
钢筋信息价（元/t）	3813	3876	3965	4108	4277
水泥（t）	463	1243	1388	1409	541
水泥信息价（元/t）	347	363	380	386	386

图 7-6 某道路边坡治理工程

（2）题解及分析

此合同条件是按主材计算价差法按月进行动态结算，主要针对钢筋水泥主材调差，经查核，数据均未含税，则材料用量及信息价调差见表 7-2。

材料用量及信息价调差　　表 7-2

日期	第 1 月	第 2 月	第 3 月	第 4 月	第 5 月
钢筋（t）	88.0	117.4	144.8	124.2	76.4
钢筋信息差价（元）	−29	34	123	266	435
水泥（t）	463	1243	1388	1409	541
水泥信息差价（元）	0	16	33	39	39
当月调差（元）	−2552	23880	63614	87988	54333
累计调差（元）	−2552	21328	84942	172930	227263

7.4 农民工工资

农民工进城打工后成为社会的弱势群体，引起政府高度重视，为解决欠薪发生后的农民工权益保障问题，出台的法规政策力度依次加大，同时针对建筑领域农民工来源逐步枯竭态势，地方各级主管部门积极开展实践探索和制度创新。

7.4.1 主要法规

为确保付出劳动的农民工按时足额获得工资报酬，根治拖欠农民工工资现象，根据《中华人民共和国劳动法》及有关法律，由人力资源和社会保障部组织起草，国务院常务会议通过后，于 2019 年 12 月 30 日公布《保障农民工工资支付条例》，自 2020 年 5 月 1 日起施行，对各级政府和职能部门进行了严格约束。

（1）人力资源社会保障行政部门负责保障农民工工资支付工作的组织协调、管理指导和对农民工工资支付情况的监督检查，查处有关拖欠农民工工资案件。

（2）住房和城乡建设、交通运输、水利等相关行业工程建设主管部门按照职责履行行业监管责任，督办因违法发包、转包、违法分包、挂靠、拖欠工程款等导致的拖欠农民工工资案件。

（3）发展和改革等部门按照职责负责政府投资项目的审批管理，依法审查政府投资项目的资金来源和筹措方式，按规定及时安排政府投资，加强社会信用体系建设，组织对拖欠农民工工资失信联合惩戒对象依法依规予以限制和惩戒。

（4）财政部门负责政府投资资金的预算管理，根据经批准的预算按规定及时足额拨付政府投资资金。

（5）公安机关负责及时受理、侦办涉嫌拒不支付劳动报酬的刑事案件，依法处置因农民工工资拖欠引发的社会治安案件。

（6）司法行政、自然资源、银行、审计、国有资产管理、税务、市场监管、金融监管等部门，按照职责做好与保障农民工工资支付相关的工作。

（7）工会、共产主义青年团、妇女联合会、残疾人联合会等组织按照职责依法维护农民工获得工资的权利。

（8）县级以上地方人民政府对本行政区域内保障农民工工资支付工作负责，建立保障农民工工资支付工作协调机制，加强监管能力建设，健全保障农民工工资支付工作目标责任制，并纳入对本级人民政府有关部门和下级人民政府进行考核和监督的内容。

7.4.2　主要政策

根据《保障农民工工资支付条例》授权，人力资源社会保障部、国家发展改革委、财政部、住房和城乡建设部、交通运输部、水利部、人民银行、国家铁路局、中国民用航空局、中国银保监会十部门印发《工程建设领域农民工工资专用账户管理暂行办法》（人社部发〔2021〕53 号），自 2021 年 7 月 7 日起施行；人力资源社会保障部、住房和城乡建设部、交通运输部、水利部、银保监会、铁路局、民航局制定了《工程建设领域农民工工资保证金规定》（人社部发〔2021〕65 号），自 2021 年 11 月 1 日起施行。

为根治工程建设领域拖欠农民工工资问题，规范农民工工资专用账户管理，切实维护农民工劳动报酬权益，根据《保障农民工工资支付条例》《人民币银行结算账户管理办法》《工程建设领域农民工工资专用账户管理暂行办法》等有关规定，地方政府主管部门结合区域实际，制定了区域操作细则。如《浙江省工程建设领域农民工工资保证金管理实施细则》（浙人社发〔2022〕13 号），《浙江省工程建设领域农民工工资专用账户管理实施细则》（浙人社发〔2022〕14 号）。

7.4.3　实名制

2019 年 2 月 17 日，住房和城乡建设部与人力资源和社会保障部发布《建筑工人实名制管理办法（试行）》（建市〔2019〕18 号），承包人项目负责人、技术负责人、质量负责人、安全负责人、劳务负责人等项目管理人员应承担所承接项目的建筑工人实名制管理相应责任。进入施工现场的建设单位、承包单位、监理单位的项目管理人员及建筑工人均纳入建筑工人实名制管理范畴。图 7-7 为工程现场实名制通道。

图 7-7　工程现场实名制通道

2022 年 8 月 2 日，对《建筑工人实名制管理办法（试行）》修订，将“劳动合同”统一修改为“劳动合同或用工书面协议”。建筑工人实名制信息由基本信息、从业信息、诚信信息等内容组成。基本信息应包括建筑工人和项目管理人员的身份证信息、文化程度、工种（专业）、技能（职称或岗位证书）等级和基本安全培训等信息。从业信息应包括工作岗位、劳动合同或用工书面协议签订、考勤、工资支付和从业记录等信息。诚信信息应包括诚信评价、举报投诉、良好及不良行为记录等信息。

7.4.4 农民工工资专用账户

施工总承包单位应当在工程施工合同签订之日起30日内开立农民工工资专用账户，或在已有专用账户下设立项目分账户，并与建设单位、开户银行签订资金管理三方协议，明确委托授权内容、人工费用拨付方式、数据安全、免责条款等权利和义务，并授权银行向工资支付监控预警平台推送专户交易、余额等信息。专用账户开立后30日内，总承包单位应将专用账户信息、工程施工合同有关约定信息和资金管理三方协议通过工资支付监控预警平台报监管部门备案。

农民工工资专用账户按工程建设项目开立，专用账户名称为“总承包单位名称”＋“工程建设项目名称（可使用简称）”＋“农民工工资专用账户”。总包单位在同一设区市内有2个以上工程建设项目的，可开立新的专用账户，也可在符合监管要求的情况下，在已有专用账户下按项目分别管理，已有专用账户名称变更为“总承包单位名称”＋“设区市名称”＋“农民工工资专用账户”。同一专用账户下分别管理的项目应分别记账核算，项目间资金不得相互划转。工程完工且未拖欠农民工工资的，施工总承包单位公示30日后，可以申请注销农民工工资专用账户，账户内余额归施工总承包单位所有。

7.4.5 劳资专管员

施工总承包单位应当在工程项目部配备劳资专管员，对分包单位劳动用工实施监督管理，掌握施工现场用工、考勤、工资支付等情况，审核分包单位编制的农民工工资支付表，分包单位应当予以配合。施工总承包单位、分包单位应当建立用工管理台账，并保存至工程完工且工资全部结清后至少3年。书面工资支付台账应当包括用人单位名称，支付周期，支付日期，支付对象姓名、身份证号码、联系方式，工作时间，应发工资项目及数额，代扣、代缴、扣除项目和数额，实发工资数额，银行代发工资凭证或者农民工签字等内容。

施工总承包单位应当在施工现场醒目位置设立维权信息告示牌，明示下列事项：建设单位、施工总承包单位及所在项目部、分包单位、相关行业工程建设主管部门、劳资专管员等基本信息；当地最低工资标准、工资支付日期等基本信息；相关行业工程建设主管部门和劳动保障监察投诉举报电话、劳动争议调解仲裁申请渠道、法律援助申请渠道、公共法律服务热线等信息。

7.4.6 相关单位职责

（1）建设单位应当按照合同约定及时拨付工程款，并将人工费用及时足额拨付至农民工工资专用账户，加强对施工总承包单位按时足额支付农民工工资的监督。因建设单位未按照合同约定及时拨付工程款导致农民工工资拖欠的，建设单位应当以未结清的工程款为限先行垫付被拖欠的农民工工资。建设单位应当以项目为单位建立保障农民工工资支付协调机制和工资拖欠预防机制，督促施工总承包单位加强劳动用工管理，妥善处理与农民工工资支付相关的矛盾纠纷。

（2）分包单位对所招用农民工的实名制管理和工资支付负直接责任。分包单位应当按月考核农民工工作量并编制工资支付表，经农民工本人签字确认后，与当月工程进度等情况一并交施工总承包单位。

（3）施工总承包单位根据分包单位编制的工资支付表，通过农民工工资专用账户，直接将工资支付到农民工本人的银行账户，并向分包单位提供代发工资凭证。施工总承包单位对分包单位劳动用工和工资发放等情况进行监督。分包单位拖欠农民工工资的，由施工总承包单位先行清偿，再依法进行追偿。工程建设项目转包，拖欠农民工工资的，由施工总承包单位先行清偿，再依法进行追偿。

（4）金融机构应当优化农民工工资专用账户开设服务流程，做好农民工工资专用账户的日常管理工作；发现资金未按约定拨付等情况的，及时通知施工总承包单位，由施工总承包单位报告人力资源和社会保障行政部门及相关行业工程建设主管部门，并纳入欠薪预警系统。用于支付农民工工资的银行账户所绑定的农民工本人社会保障卡或者银行卡，用人单位或者其他人员不得以任何理由扣押或者变相扣押。

7.5　施工合同成本核算阶段

7.5.1　发包人成本核算

在合同规定的施工内容完成后，立足于经批准的（概算）目标成本执行，进行工程竣工结算编审后，核算是否有效控制在目标值以内。成本核算的内容为：签约合同价、合同约定价格调整、索赔、甲供设备材料抵扣、违约责任量化。

码7-3 工程竣工结算

7.5.2　发包人成本核算案例

（1）背景情况

某城市文化遗址综合利用建设项目（图7-8），采用施工总承包模式招标发包，除变配电设备外，发包范围包括但不限于：土石方、桩基础、基坑围护、主体结构、屋面、幕墙、粗装修、局部精装饰、给水排水、电气、暖通、电梯、消防、人防及相关设备及安装等，具体以提供的招标施工图、工程量清单明确的内容为准；可能出现的施工图修改引起的工程量增减以及根据发包人明确指令需在招标范围外增加的工程量及招标范围内减少的工程量。试根据表7-3经批准的概算数据、表7-4经第三方造价咨询机构核定的竣工结算数据，立足发包人进行成本核算评价。

图7-8　某城市文化遗址综合利用建设项目

经批准的概算表　　表 7-3

序号	工程项目和费用名称	价格（万元）	备注
1	建筑安装工程费	23419.85	建筑面积 57063.83m^2
1.1	基坑围护	1170	
1.2	土建	15027.43	含内外装饰
1.3	给水排水	709.44	
1.4	电气	1256.29	
1.5	通风与空调	2172.97	
1.6	建筑智能	567.78	
1.7	电梯等设备	623	含厨房、充电、机械车位
1.8	变配电设备	522.29	
1.9	室外附属	1370.65	
2	工程建设其他费	9614.16	
2.1	建设用地费	7037	
2.2	建设单位管理费	247.74	
2.3	建设管理其他费	183.21	
2.4	工程监理费	357.78	
2.5	勘察设计费	422.66	
2.6	可行性研究费	54.14	
2.7	环境评价费	10	
2.8	劳动安全卫生评价费	7.03	
2.9	场地准备及临时设施费	163.94	
2.10	工程保险费	70.26	
2.11	市政基础设施配套费	1048.99	含供水、燃气、配电
2.12	节能评估费	11.41	
3	预备费 5%	1299.85	不含土地费
4	概算投资合计	34333.86	

经第三方造价咨询机构核定的竣工结算表　　表 7-4

序号	工程项目和费用名称	价格（万元）	备注
1	承包人签约合同价	22568.81	不含变配电设备
1.1	基坑围护	1308.97	
1.2	土建	10581.12	含场地平整包干价 37.84 万元
1.3	幕墙分包	3201.23	
1.4	室内局部精装饰分包	1162.72	
1.5	给水排水	383.56	
1.6	电气	1078.93	
1.7	通风与空调	1986.66	

续表

序号	工程项目和费用名称	价格（万元）	备注
1.8	建筑智能分包	467.78	
1.9	消防分包	573.33	
1.10	电梯等设备分包	636.78	含厨房、充电、机械车位
1.11	室外附属	1187.73	
2	合同约定价格调整	673.13	含甲供设备
3	索赔	780.77	设计变更为主
4	甲供设备	详见4.1、4.2	含空调主机、电梯、厨房、充电、机械车位
4.1	签约合同价中甲供设备暂定价	1182.27	不含税价
4.2	甲供设备抵扣价格	－1311.44	不含税价
5	履约保证金扣减	－10.20	因工期延误
6	总承包施工合同竣工结算价	22701.07	建筑面积57063.83m^2

（2）题解及分析

① 界定成本核算范围，进行同口径比较。

根据施工总承包合同发包范围，除变配电设备工程外，包括了工程项目概算中全部的一类费用，其中：幕墙分包属于外装饰，室内局部精装饰分包属于内装饰；签约合同价土建价格中包括场地平整包干价37.84万元，此费用属于概算二类费用中场地准备及临时设施费，因概算值中未细分费用，则可以直接引用。

② 核定概算目标值和竣工结算值。

概算目标值：23419.85－522.29＋37.84＝22935.40万元

竣工结算值：22701.07＋1311.44＋10.2＝24022.71万元

③ 进行比较评价。

因竣工结算值超签约合同价比例为：24022.71/22468.81－1＝6.92%，因幅度在5%～10%间，属于能接受但值得关注的项目；从同口径数字看，竣工结算值已大于概算目标值，原因主要是工程涨价和设计变更，所以概算执行时已达到可以动用预备费条件，概算目标值可调整为22935.40＋1299.85＝24235.25万元，大于竣工结算值，较好地实现了目标成本控制。

7.5.3　承包人成本核算

在合同规定的施工内容完成后，在施工主合同竣工结算编审的基础上，进行从属合同及各项支付的竣工结算编审，将收入与支出互抵，核算是否达到收益的期望值。

收入核算：发承包人合同竣工结算额。

支出核算：人工费、材料费、机械费、分包合同支出、公司管理费、现场管理费等。

7.5.4　承包人成本核算案例

（1）背景情况

根据7.5.2节所述工程情况，针对施工合同的从属合同和承包人自身发生的费用，先由造价专业人员核定，后经财务人员记账汇总施工成本情况，见表7-5。试根据已知数据，立足项目承包人进行成本核算评价。

项目施工成本汇总表　　表 7-5

序号	工程项目和费用名称	价格（万元）	备注
1	工程现场施工前期准备费	36.47	
2	文明施工措施费	118.51	含宣传、标化、绿色工地等
3	劳务分包合同结算价	1922.55	含辅料工具小型设备
4	点工结算价	117.46	
5	材料费	8492.86	含周转材料
6	周转材料租赁费	105.74	
7	机械租赁费	87.66	含塔式起重机、人货梯、汽车起重机
8	自购小型工具设备费	43.11	
9	分包及配套工程	10929.99	不含变配电设备
9.1	桩基及围护桩工程	415.54	不含主材
9.2	土方工程	844.19	含场地平整包干价 37.84 万元
9.3	幕墙分包	3141.44	
9.4	室内局部精装饰分包	1564.78	
9.5	通风与空调分包	2017.67	含甲供设备
9.6	建筑智能分包	477.98	含甲供设备
9.7	消防分包	553.33	含甲供设备
9.8	电梯等设备分包	678.22	含厨房、充电、机械车位
9.9	室外附属工程	1236.84	含景观、市政
10	总部管理费	678.41	含工程保险、投标
11	项目部管理费	342.63	含管理人员薪酬、培训、会议、检测、专业服务等
12	项目财务费用	109.77	
13	分包和配套工程配合费	−121.58	
14	自购材料设备残值	−17.13	
15	增值税抵扣	−1072.49	
16	甲供设备抵扣	−1311.44	含空调主机、电梯、厨房、充电、机械车位
17	水电费抵扣	−140.74	
18	履约保证金扣减	10.20	因工期延误
19	合计	20613.46	

（2）题解及分析

① 界定成本核算范围，进行同口径比较。

码7-4 水电费结算

根据工程背景情况，除变配电设备工程外，设计施工图图示工程内容均纳入施工合同承包范围，施工合同含甲供、履约保证金抵扣款和销项税的竣工结算价为：

22701.07＋1311.44＋10.2＝24022.71万元

② 计算施工合同竣工结算价中增值税抵扣后的税率，应剔除甲供材料设备费、水电费。

承包人可计的销项税＝(24022.71－1311.44－140.74)×9%/(1＋9%)

＝1863.62万元

则实际税率＝(1863.62－1072.49)/(24022.71－1311.44－140.74)＝3.505%

税率与增值税前的营业税率3.577%基本持平，税务操作到位。

③ 核算项目承包人施工合同竣工结算利润率。

由于立足于承包人计算利润率，以承包人名下获得款项为利润基数，则核算利润率为[22701.07－20613.46－(1863.62－1072.49)]/22701.07＝5.71%

经调查，工程所在地施工承包经济责任人的行业基准利润率为6%，略低于承包人期望值。

练　习　题

一、单项选择题

1. 行政区域评标专家应设分类专家库，由(　　)进行日常管理。

A. 交易中心　　B. 招标办

C. 住房和城乡建筑局　　D. 财政局

2. 评标专家劳务费应由(　　)支付。

A. 交易中心　　B. 招标办

C. 招标人　　D. 中标人

3. 招标代理费应执行(　　)。

A. 指定价格标准　　B. 指导价格标准

C. 市场竞争价格　　D. 指导价格标准结合市场竞争

4. 招标文件由(　　)审查后备案。

A. 交易中心　　B. 招管中心

C. 招标人　　D. 招标代理人

5. 建设工程施工许可证由(　　)申领。

A. 建设单位　　B. 施工单位

C. 监理单位　　D. 设计单位

6. 建设工程施工前应由发包人负责提供水平和高程控制基准点，在施工过程中维护基准点的费用由(　　)承担。

A. 发包人　　B. 承包人

C. 监理人　　D. 分包人

7. 承包人所交的农民工工资保证金在(　　)未发现拖欠时退还。

A. 工程完工后　　B. 竣工验收后

C. 竣工结算后　　D. 工程备案后

8. 某城郊道路工程合同工期42个月，预计施工期市场价格波动较大，则招标合同条件宜采用(　　)结算。

A. 竣工后一次性结算

B. 按年度结算

C. 按施工段分段结算

D. 按完成土石方、路基、路面进度节点结算

9. 施工合同的合同变更、索赔、材料抵扣、违约责任等内容按发生采用一事一结，这种结算方式是(　　)。

A. 按月结算　　B. 分段结算

C. 动态结算　　D. 竣工结算

10. 施工合同材料价格按(　　)结算时，承包人合同风险最小。

A. 合同签约基准日市场价格　　B. 合同签约基准日信息价

C. 计量时点市场价　　D. 计量时点信息价

11. (　　)列入建设工程项目目标成本，实际成本中不再列入。

A. 工程投产期贷款利息　　B. 建设用地临时占用费

C. 预备费　　D. 铺底流动资金

12. 承包人进行施工成本核算可以积累成本控制经验，(　　)是承包人成本控制的重点。

A. 人工费　　B. 材料费

C. 机械费　　D. 管理费

13. 通常(　　)是发包人在成本管理时应该守住的底线。

A. 估算目标成本　　B. 概算目标成本

C. 预算目标成本　　D. 签约合同价

14. (　　)可计入施工项目部收入。

A. 材料供应商回扣　　B. 履约保证金退付

C. 分包人安全押金　　D. 农民工工伤保险理赔款

15. 下列各类工程中，(　　)的人工费占比大。

A. 大型土石方工程　　B. 桩基工程

C. 市政道路工程　　D. 房建室内精装饰工程

二、多项选择题

1. 承包人依法在政府指定交易平台上投标获得工程施工合同，(　　)是其在投标阶段应缴纳的费用。

A. 招标文件购买费　　B. 交易场所交易费

C. 履约保证金　　D. 投标保证金

E. 投标书编制费

2. 交易中心收取的交易服务费包括信息服务费、交易服务费、设施租赁费等，一般由(　　)支付。

A. 招标人　　B. 投标人

C. 招标代理人　　D. 中标候选人

E. 中标人

3. 房产开发项目申领施工许可证前发包人应完成(　　)支付。

A. 城市配套费
B. 设计费
C. 临时供电费
D. 供水费
E. 意外伤害保险费

4. 建设工程申领施工许可证时应提供(　　)。
A. 设计合同
B. 监理合同
C. 施工合同
D. 借款合同
E. 检测合同

5. (　　)是建设工程施工的开工条件。
A. 施工场地已经平整
B. 设计施工图已经完成设计交底
C. 电梯已经进场
D. 施工用临时设施已经搭建完成
E. 工程周边地下管线资料已经提交承包人

6. 建设工程施工过程会发生(　　)等环境污染，则应缴纳排污费用于系统治理。
A. 噪声
B. 粉尘
C. 废水
D. 废气
E. 废钢筋

7. 分阶段结算有利于施工合同发承包人及时清晰债权债务，(　　)适合分阶段结算。
A. 市政燃气工程
B. 大型住宅小区工程
C. 传达室工程
D. 大跨度桥梁工程
E. 国际会议中心室内装饰工程

8. 建设工程施工合同进行阶段结算有利于准确反映工程成本，(　　)是发承包人间的主要结算内容。
A. 合同变更
B. 材料设备抵扣
C. 索赔
D. 工程保险理赔
E. 质量保证金退付

9. 承包人进行成本控制时，(　　)是行之有效的长久之计。
A. 市场价格较低时囤积材料
B. 根据合同条件的风险合理报价
C. 建立长期合作的供应商战略伙伴
D. 让监理人和发包人签认更多的索赔款
E. 采用成熟先进技术领先市场平均水平

10. 建设工程发包人进行项目投资成本核算时，(　　)等一、二类费用是核算范围，将其与目标成本进行数据对比分析。
A. 工地施工用水电费
B. 施工合同竣工结算价
C. 甲供材料设备费
D. 设计费
E. 工程投入使用后的家具采购费

11. 建设工程概算中，(　　)列入工程建设其他费，即通常所说的二类费用。
A. 工程材料检测费
B. 监理费
C. 施工临时水源电源接入费
D. 工地临时围墙工程费
E. 建设期贷款利息

12. 发包人进行建设单位管理费核算时，(　　)可以计入建设成本。
A. 工程一切险保费
B. 业务招待费

C. 法务咨询费　　D. 指挥部兼职人员工资

E. 施工现场办公家具采购费

13. 针对EPC项目，(　　)可以计入承包人成本。

A. 初步设计费　　B. 地质勘察设计费

C. 施工图设计费　　D. 施工图专业深化设计费

E. 工程材料设备设计费

14. (　　)计入建设工程施工承包人项目收入。

A. 合同保修金退付　　B. 工料机采购租赁合同进项税抵扣额

C. 分包人支付的现场配合费　　D. 基本账户存款利息

E. 合同竣工结算额

15. 项目成本核算时，(　　)纳入施工项目部工资成本核算。

A. 职业项目经理年薪　　B. 劳务分包合同支付

C. 公司总师办派驻现场蹲点期工资　　D. 项目安全员工资

E. 工地门卫保安工资

三、判断题

1. 投标保证金的有效期应超过投标有效期。(　　)

2. 招标文件购买费可以抵扣施工项目增值税。(　　)

3. 各类房屋建筑及其附属设施的建造、装修装饰和与其配套的线路、管道、设备的安装，以及城镇市政基础设施工程，必须申领施工许可证后方可施工。(　　)

4. 因建设工程发包人投保了一切险，所以承包人可以不必投保职工意外伤害保险。(　　)

5. 承包人在投保职工意外伤害保险时是根据签约合同价的一定比例投保的。(　　)

6. 施工周期长的建设工程宜采用动态结算，施工周期短的建设工程宜采用分段结算。(　　)

7. 由于发承包人已经进行施工合同动态结算，所以不需要再进行竣工结算。(　　)

8. 银行保函在债权人主张前不改变债务人资金归属，而且可以获得相应额度的存款利息收益，则承包人向发包人提交银行保函时应尽可能提高保函额度。(　　)

9. 由于增值税抵扣工作过于复杂，所以施工合同只要发生甲供设备材料，承包人就应尽可能选择简易税率进行结算。(　　)

10. 建设工程施工分包可以降低承包人相关人财物的投入，所以从成本核算上看承包人应尽可能地进行工程施工分包。(　　)

11. 建设工程施工合同质量保证金是承包人用以支付工程质量维修的预提款项。(　　)

12. 针对建设工程施工合同，不论是签约合同价还是竣工结算价，发包人追求越低越好，承包人追求越高越好。(　　)

13. 由于设计变更和市场价格波动，施工合同竣工结算价超过签约合同价，此类情况属于发包人预算成本控制失败。(　　)

14. 从合同利润率上看，由高到低依次为EPC合同、施工总承包合同、施工分包合同。(　　)

15. 建设工程项目中发承包人针对成本核算，引用相同的基础数据进行盈利情况分

析。（　　）

四、案例分析

1. 投标保证金

某城市主干道工程施工合同公开招标，资格后审，招标控制价为15780.33万元。2018年7月10日招标人通过指定网络平台发布招标公告和招标文件，2018年7月18日和7月23日上传招标文件答疑，确定2018年8月8日截标并开标，投标有效期为90天，要求投标人提交给招标人投标保证金50万元。

截至开标日截标时点，共有A、B、C、D、E、F、G、H八家投标人参与投标，其中A、B、D、G、H于2018年8月6日和7日采用转账支票向招标人汇入了投标保证金，C、E、F于2018年8月6日和7日办理了投标保证金银行保函，相关凭证均纳入了投标文件。

八家投标人的基本结算账户均在中国建设银行，其中投标人B的投标保证金从中国银行汇出，投标人C是中国工商银行保函（有效期2018年8月7日至2018年11月5日），投标人E是中国建设银行保函（有效期2018年8月6日至2018年11月3日），投标人F是中国农业银行保函（有效期2018年8月6日至2018年11月5日）。

针对本次招标的投标保证金情况，试分析其法规符合性。

2. 农民工工资保证金

某区域政府规定，建设项目向当地工会指定账户缴存农民工工资保证金，通常按工程建设项目合同造价的3%缴存，合同价超过3亿元时按70%折减，施工企业连续三年未发生拖欠农民工工资情况时，可以再按80%享受诚信折减；若发生农民工工资纠纷，一经查实，可以动用指定账户中的保证金先行垫付，后取消诚信折减系数，由施工企业补足额度；工程建设项目竣工后未发现拖欠情况时退还保证金。2016年7月20日，某诚信承包人签订区域内一项施工合同，合同工期980天，签约合同价32476.34万元，其中甲供设备材料2764.20万元，分包工程6678.44万元。2016年8月11日，承包人按规定缴存了农民工工资保证金；2018年2月12日，政府紧急动用了238.45万元保证金；2018年2月26日，承包人再次按规定补缴存了农民工保证金；2019年5月15日，承包人收到农民工工资保证金全额退款。假设同期银行年化贷款利率为6.2%，试计算该合同农民工工资保证金的财务费用。

3. 同步结算

某城市内河道整治工程，施工期18个月，合同约定主材允许按信息价超过±5%时进行调差，其中针对钢筋监理人核定了施工用量（表7-6），基期价为3830元/t，试按月和施工期平均信息价分别计算钢筋调差，并比较两种调差的差别。

材料用量及信息价　　表7-6

时间	第1月	第2月	第3月	第4月	第5月	第6月
钢筋用量（t）	68.01	107.43	121.89	65.23	72.45	141.34
钢筋信息价（元/t）	3822	3873	3914	4008	4177	4288
时间	第7月	第8月	第9月	第10月	第11月	第12月
钢筋用量（t）	138.67	145.77	128.45	136.73	132.87	129.55
钢筋信息价（元/t）	4254	4256	4256	4201	4117	4104

续表

时间	第13月	第14月	第15月	第16月	第17月	第18月
钢筋用量（t）	128.11	117.66	109.62	34.38	68.35	59.46
钢筋信息价（元/t）	3955	4102	3972	4008	3970	3940

4. 成本核算

某办公楼内外装饰改造工程，地下1层，地上7层，建筑面积9137.24m²，施工合同签约合同价5278.56万元，其中暂定甲供设备200万元，合同工期290天，竣工结算价5376.48万元，不含甲供设备款。针对施工合同的从属合同和承包人自身发生的费用，先由造价专业人员核定，后经财务人员记账汇总施工成本情况，见表7-7。试根据已知数据，立足项目承包人进行成本核算评价。

施工成本情况 **表7-7**

序号	工程项目和费用名称	价格（万元）	备注
1	工程现场施工前期准备费	26.42	
2	文明施工措施费	48.53	含宣传、标化工地等
3	劳务分包合同结算价	722.65	含辅料工具小型设备
4	点工结算价	17.41	
5	材料费	3299.57	含周转材料
6	周转材料租赁费	25.74	
7	机械租赁费	27.69	含吊篮、汽车起重机
8	自购小型工具设备费	13.18	
9	分包工程	689.42	
9.1	拆除工程	77.17	含垃圾外运包干价27.84万元
9.2	结构加固工程	65.44	不含钢板主材
9.3	防水工程	33.11	
9.4	通风与空调分包	287.67	含甲供设备
9.5	建筑智能分包	83.48	含甲供设备
9.6	消防分包	73.63	含甲供设备
9.7	电梯等设备分包	68.92	含电梯、厨房设备
10	总部管理费	376.46	含工程保险、投标
11	项目部管理费	147.66	含管理人员薪酬、培训、会议、检测、专业服务等
12	项目财务费用	59.87	
13	分包工程配合费	−15.41	
14	自购材料设备残值	−17.13	
15	增值税抵扣	−306.74	

续表

序号	工程项目和费用名称	价格（万元）	备注
16	甲供设备抵扣	−218.86	含空调主机、电梯、智能、消防、厨房设备
17	水电费抵扣	34.77	
18	履约保证金扣减	11.80	因工期延误
19	合计	4943.03	

码7-5 模块7练习题参考答案

附录1 施工总承包企业日常成本可抵扣增值税项目及税率明细表（2019年4月起）

成本分类	成本名称	税率	备注
一、企业管理费	职工工资福利五险一金	*	
	培训费	6%	
	财产保险	6%	
	折旧费	*	
	无形资产摊销	*	
	审计咨询中介费	6%	
	研发材料费	13%	
	房屋租赁	9%	
	会议费	6%	会展服务
		13%	会议用办公用品
		9%	会场租赁费
	航空客票	9%	票价和燃油附加
	高铁客票	9%	
	水路公路客票	3%	
	电话费、网络费	9%	基础电信业务
		6%	增值电信业务
	业务招待费	*	
	办公用品、物料消耗	13%	
	物管费	6%	
	污水及垃圾处理费	*	政府非税收入
	各类组织会费年费	6%或13%	适用现代服务业和购置物品
		*	福利性质或工会性质
	广告宣传费	6%	现代服务业
	汽车相关费用	13%	汽车租赁费
		13%	汽车修理费
		13%	汽车燃料动力
		9%	过路费、停车费
		5%或3%	路桥闸通行费，高速3%，其他5%
		6%	洗车、汽车美容
	差旅费	*	除住宿发票外

续表

成本分类	成本名称	税率	备注
一、企业管理费	员工购置防毒面具	13%	应区别职工福利费
	灭火器	13%	
	生产安全用品	13%	
	工作服	13%	
	购置不动产	9%	当年抵扣
二、工程人工费	员工工资福利五险一金	*	
	劳务派遣费用	6%	现代服务业（人力资源服务）
	劳务分包	9%或3%	包清工方式可适用简易计税
	零星用工工时费	*	
	劳务队伍的考核奖励	*	
三、工程材料费	商品混凝土	3%	仅限于以水泥为原料
	湿拌砂浆	3%	仅限于以水泥为原料
	土砂石等地方材料	3%	
	各类工程用材料设备	13%	除混凝土、地材外
	周转材料	13%	
	周转材料租赁费	13%	
	自有周转材料使用	*	购置时已抵扣
	材料设备运费	9%	
	材料加工费	13%	
四、工程机械费	施工机械设备租赁	13%	
	电费	13%	
		3%	县级以下小水电适用简易税率
	燃料汽油、柴油	13%	
	设备折旧费	*	购置设备时已抵扣
	机上人工工资	*	租赁设备的操作人员工资可以抵扣
	外租机械设备进退场费	13%	
	自有机械设备修理费	13%	
五、其他直接费	征地拆迁费	*	
	土地补偿费	*	
	施工水电费	13%	适用一般计税电力
		9%	适用一般计税自来水
		3%	适用简易税率自来水、电力
	生产安全用品	13%	
	检验试验费	6%	
	二次搬运费	6%	
	场地租赁费	9%	不动产经营租赁

续表

成本分类	成本名称	税率	备注
五、其他直接费	场地清理费	6%	
	采购活动板房	13%	
	租赁活动板房	13%	
	采购拌合站设备	13%	
	电力架设	3%或9%	
	临时房屋、道路工程	9%	分包工程时
六、工程项目部管理费	管理人员工资福利	*	
	外聘人员工资	*	
	劳动保护费	13%	
	工程、设备保险	6%	
	房屋租赁	9%	
	会议费	6%	会议展览服务
	交通费	*	
	电话费、网络费	9%	基础电信业务
		6%	增值电信业务
	污水及垃圾处理费	*	政府非税收入
	培训费	6%	
	临时设施费	13%	防护材料租赁
		3%或9%	防护设施搭建
		6%	增值税应税服务
	办公用品、物料消耗	13%	
	物业管理费	6%	现代服务业
	工地宣传	13%	印刷、加工服务适用
		6%	设计服务适用
	水费	9%或3%	
	电费	13%或3%	
	食堂采购费用	*	

注：*表示不能抵扣。

附录 2 招标投标程序流程图

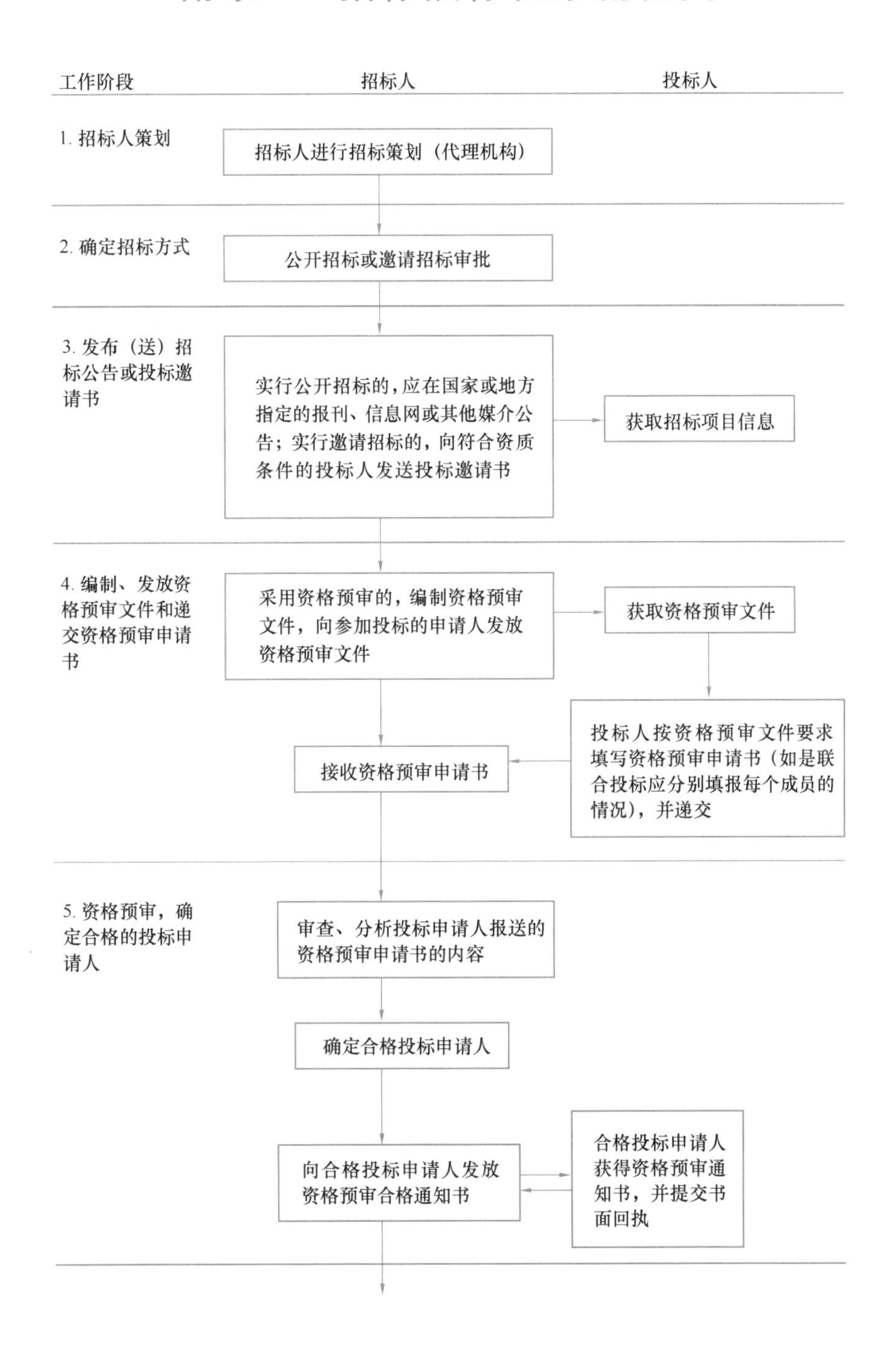

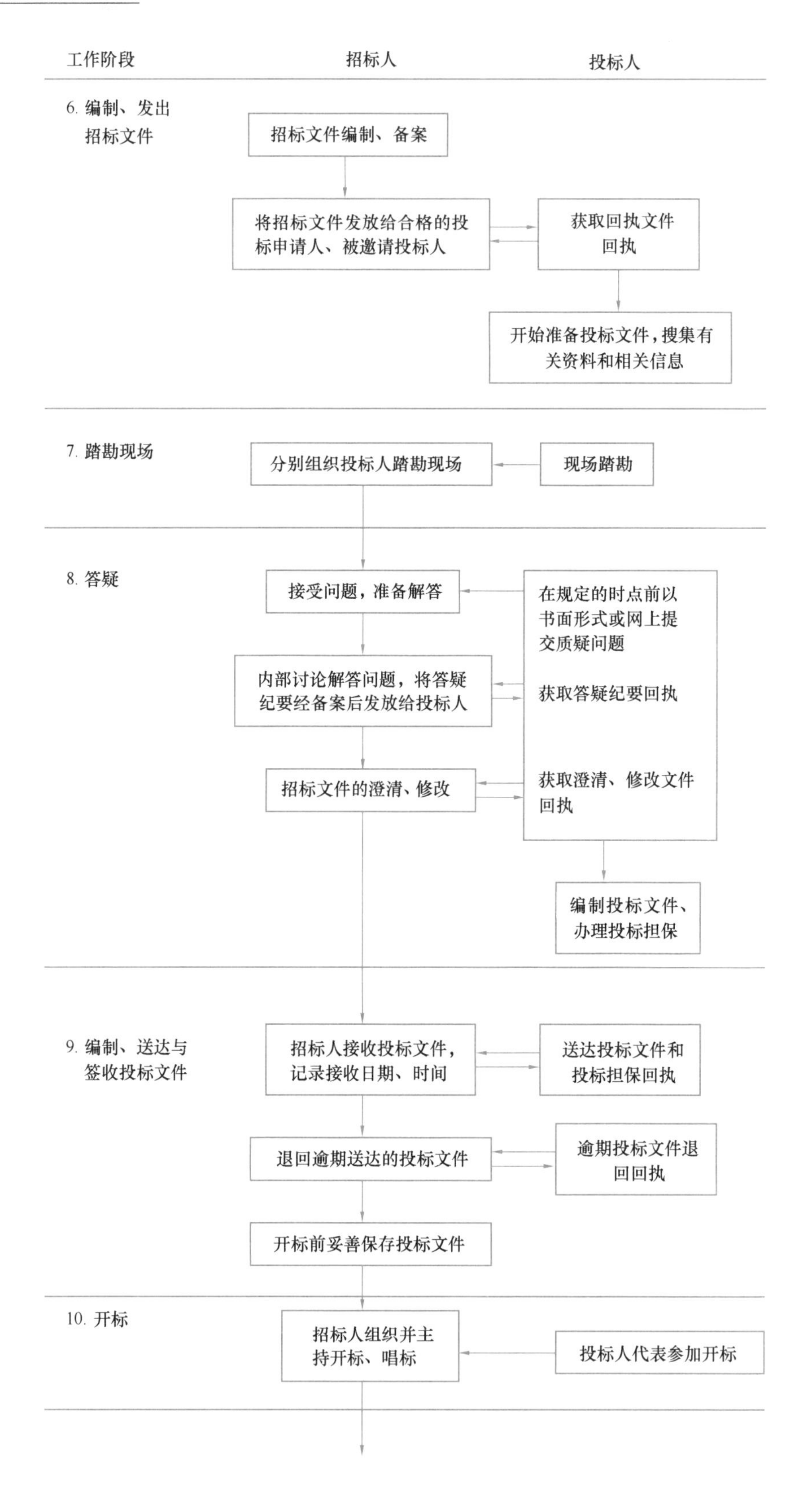
工作阶段
招标人
投标人
6. 编制、发出招标文件
招标文件编制、备案
将招标文件发放给合格的投标申请人、被邀请投标人
获取回执文件回执
开始准备投标文件，搜集有关资料和相关信息
7. 踏勘现场
分别组织投标人踏勘现场
现场踏勘
8. 答疑
接受问题，准备解答
在规定的时点前以书面形式或网上提交质疑问题
内部讨论解答问题，将答疑纪要经备案后发放给投标人
获取答疑纪要回执
招标文件的澄清、修改
获取澄清、修改文件回执
编制投标文件、办理投标担保
9. 编制、送达与签收投标文件
招标人接收投标文件，记录接收日期、时间
送达投标文件和投标担保回执
退回逾期送达的投标文件
逾期投标文件退回回执
开标前妥善保存投标文件
10. 开标
招标人组织并主持开标、唱标
投标人代表参加开标

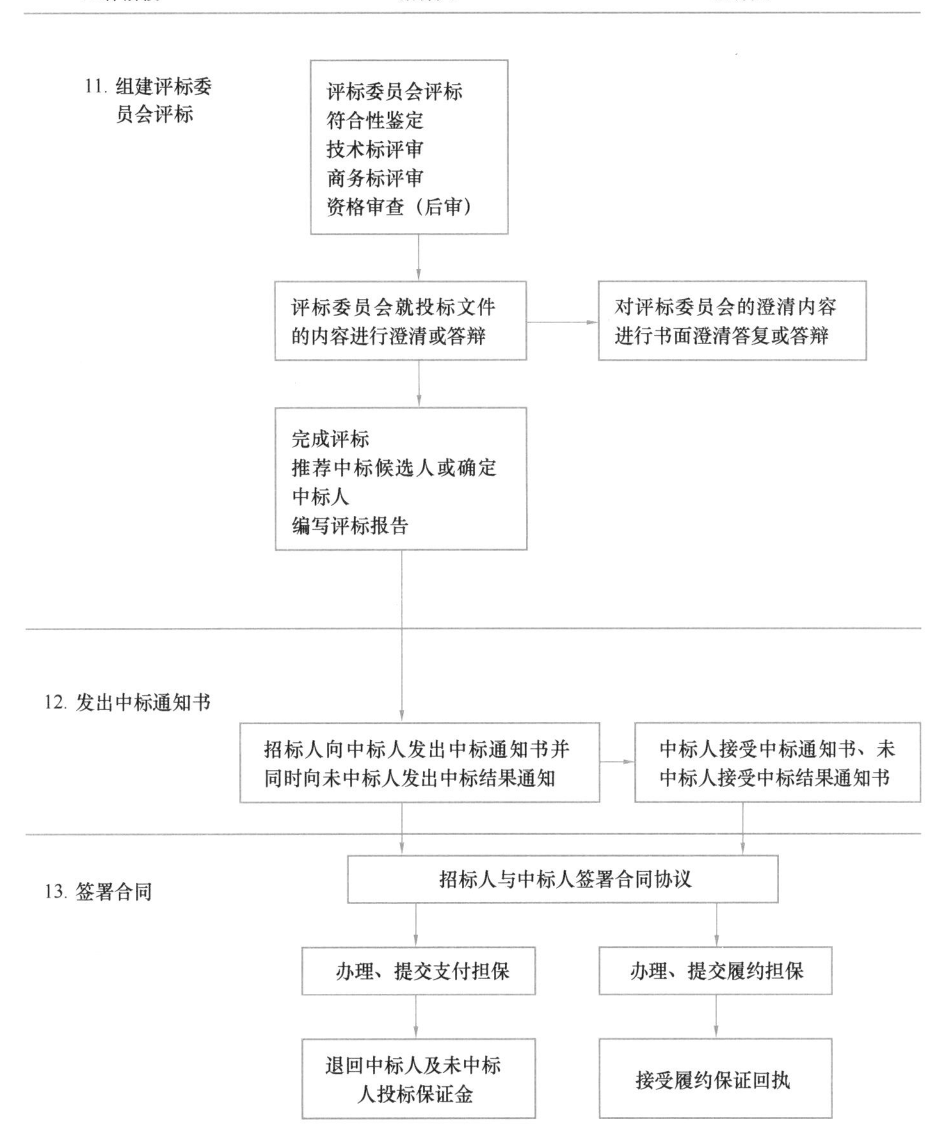
工作阶段
招标人
投标人
11. 组建评标委员会评标
评标委员会评标
符合性鉴定
技术标评审
商务标评审
资格审查（后审）
评标委员会就投标文件的内容进行澄清或答辩
对评标委员会的澄清内容进行书面澄清答复或答辩
完成评标
推荐中标候选人或确定中标人
编写评标报告
12. 发出中标通知书
招标人向中标人发出中标通知书并同时向未中标人发出中标结果通知
中标人接受中标通知书、未中标人接受中标结果通知书
13. 签署合同
招标人与中标人签署合同协议
办理、提交支付担保
办理、提交履约担保
退回中标人及未中标人投标保证金
接受履约保证回执

参　考　文　献

[1]　中华人民共和国住房和城乡建设部. 建设工程工程量清单计价标准：GB/T 50500—2024[S]. 北京：中国计划出版社，2024.

[2]　全国一级建造师执业资格考试用书编写委员会. 建设工程项目管理 [M]. 北京：中国建筑工业出版社，2018.

[3]　黄薇. 中华人民共和国民法典解读[M]. 北京：中国法制出版社，2020.

[4]　王瑞玲，刘亚丽，张泽颖，等. 建设工程合同管理[M]. 北京：中国电力出版社，2020.

[5]　中华人民共和国住房和城乡建设部，国家工商行政管理总局. 建设项目工程总承包合同(示范文本)：GF-2020-0216[S]. 北京：中国建筑工业出版社，2021.

[6]　中华人民共和国住房和城乡建设部，国家工商行政管理总局. 建设工程施工合同(示范文本)：GF-2017-0201[S]. 北京：中国建筑工业出版社，2017.